Östlicher Block (*p*-Block)

0	11	12	13	14	15	16	17	1
								2 Heli
			5 Bor	6 Kohlen-stoff	7 Stickstoff	8 Sauer-stoff	9 Fluor	10 Neon
			13 Alumi-nium	14 Silicium	15 Phosphor	16 Schwefel	17 Chlor	18 Argon
ckel	29 Kupfer	30 Zink	31 Gallium	32 Germa-nium	33 Arsen	34 Selen	35 Brom	36 Krypton
dium	47 Silber	48 Cadmium	49 Indium	50 Zinn	51 Antimon	52 Tellur	53 Iod	54 Xenon
atin	79 Gold	80 Queck-silber	81 Thallium	82 Blei	83 Bismut	84 Polonium	85 Astat	86 Radon
0	111	112						

pium	64 Gadoli-nium	65 Terbium	66 Dyspro-sium	67 Holmium	68 Erbium	69 Thulium	70 Ytterbium	71 Lutetium
eri-cium	96 Curium	97 Berkelium	98 Califor-nium	99 Einstei-nium	100 Fermium	101 Mendele-vium	102 Nobelium	103 Lawren-cium

Südinsel (*f*-Block)

Im Reich der Elemente

P. W. Atkins

Im Reich der Elemente

Ein Reiseführer zu den Bausteinen der Natur

Aus dem Englischen übersetzt
von Peter Ripplinger

Spektrum Akademischer Verlag Heidelberg · Berlin

Originaltitel: The Periodic Kingdom. A Journey into the Land of the Chemical Elements
Aus dem Englischen übersetzt von Peter Ripplinger

Englische Originalausgabe bei Orion Publishing Group Ltd./Basic Books,
einem Unternehmen von Harper Collins Publishers, Inc.

Die Deutsche Bibliothek – CIP-Einheitsaufnahme

Atkins, Peter W.:
Im Reich der Elemente : ein Reiseführer zu den Bausteinen der Natur / P. W. Atkins. Aus dem Engl. übers. von Peter Ripplinger. – Heidelberg ; Berlin : Spektrum, Akad. Verl., 1997
Einheitssacht.: The periodic kingdom <dt.>
ISBN 3-8274-02336-6

Lektorat: Frank Wigger/Martina Mechler (Ass.)
Redaktion: Eberhard Kiefer
Produktion: Brigitte Trageser
Umschlaggestaltung: Kurt Bitsch, Birkenau
Druck und Verarbeitung: Franz Spiegel Buch GmbH, Ulm

Inhalt

Vorwort

Der Beginn von Somerset Maughams Erzählung *The Vessel of Wrath* (in deutscher Sprache erschienen unter dem Titel *Der rote Ted*) beeindruckt mich immer wieder aufs neue: Der Autor sitzt in seinem Studierzimmer und blättert im *Yangtse Kiang*-Lotsenbuch. Die Gezeitentafeln und Navigationsanweisungen bekommen eine eigene Wirklichkeit; in seiner Vorstellung werden die Tabellen und Skizzen lebendig. Er kann Bäume erkennen, Dächer und schließlich die Menschen, um die sich seine Erzählung ranken wird. Auf ähnliche Weise möchte ich auch Sie einladen, mich auf einer imaginären Reise durch die nüchterne Navigationskarte der Chemie, das Periodensystem der Elemente, zu begleiten. In unserer Vorstellung wird sie uns aber wie ein Land erscheinen, das Reich der Elemente, das – wie wir feststellen werden, wenn wir auf die Oberfläche herabsteigen – von verschiedenen Persönlichkeiten bewohnt wird. Wir werden die Landschaften des Reiches überfliegen, seine wogenden Hügelketten, seine Gebirgszüge, seine Schluchten und Wüsten erkunden. Wir werden landen, durch weite Wiesen und zwischen den Hügeln umherstreifen. Wir werden uns sogar in die Erde graben und dort auf verborgene Strukturen stoßen – auf Mechanismen, die das Reich kontrollieren und regieren. Denn dies ist ein wohlgeordnetes Reich.

Das Periodensystem der Elemente ist unbestritten sowohl in der Theorie als auch in der Praxis das bedeutendste Konzept, das die Wissenschaft der Chemie erarbeitet hat. Tagtäglich dient es Studenten zur Orientierung, erfahrenen Wissenschaftlern weist es neue Wege in der Forschung, und es hilft, die Gesamtheit der Chemie auf prägnante Art und Weise zu ordnen. Das Periodensystem beweist eindrucksvoll, daß die chemischen Elemente nicht zusammenhanglos nebeneinanderstehen, sondern gemeinsame Trends aufweisen und in Elementfamilien existieren. Eine Kenntnis des Periodensystems ist Grundvoraussetzung für jeden, der den Wunsch verspürt, die Welt zu entwirren, und erkennen möchte, wie sie sich aus den Grundbausteinen der Chemie, den chemischen Elementen, zusammensetzt. Jeder, der verstehen will, aus welchem Blickwinkel die Naturwissenschaftler die Welt betrachten, muß die Grundform des Periodensystems kennen, denn es ist Teil der Wissenschaftskultur.

Das vorliegende Buch soll Ihnen als Reiseführer durch ein Land unserer Phantasie helfen, das Periodensystem zu erkunden. Die Elemente bilden die einzelnen Regionen des Reiches. Die Landschaft zeigt eine bestimmte Geographie: Die Elemente nehmen genau festgelegte Positionen ein, und man nutzt sie, um ganz bestimmte Produkte herzustellen – so, wie uns fruchtbare Ebenen Getreide und Seen Fische liefern. Zudem besitzt unser Reich eine Geschichte. Tatsächlich kann man sogar drei Aspekte der Geschichtsschreibung unterscheiden: Die Entdeckung der Elemente, die ähnlich der Entdeckung der Länder unserer Welt vonstatten ging; die Kartierung des Reiches, vergleichbar der Kartierung unseres Planeten, wobei man feststellte, daß die Lage der Elemente zueinander von grundlegender Bedeutung ist; und letztlich besitzt auch jedes Element seine eigene kosmische Geschichte, die sich bis zu den Sternen zurückverfolgen läßt.

Eine Regierung herrscht über das Reich der Elemente: Die Eigenschaften der chemischen Elemente beruhen auf Gesetzen, die auch ihr Verhalten bestimmen und vorgeben, welche Verbindungen sie eingehen. Diese Gesetze liegen in den Eigenschaften der Atome und damit letztlich der Elektronen und Kerne verborgen, aus denen sie aufgebaut sind.

Ich setze nicht voraus, daß Sie sich bereits früher mit der Chemie beschäftigt haben. Alles, um was ich Sie bitten möchte, ist, Ihre Phantasie zu nutzen, um die geographischen Vergleiche mit Ihren wirklichen Beobachtungen in Bezug zu setzen. Wir werden gemeinsam die Landschaften überfliegen und landen, wann immer es uns paßt. So werden wir all die Reichtümer entdecken, die sich schließlich in unserer realen Welt offenbaren.

An dieser Stelle möchte ich mich bei Jerry Lyons, der das Buch als Lektor betreute, für zahlreiche hilfreiche Vorschläge bedanken. Mein Dank gilt ebenso Sara Lippincott, die als Redakteurin viel dazu beitrug, das zu Papier zu bringen, was ich sagen wollte.

Teil I:
Geographie

1 Die Landschaft

Willkommen im Königreich der Elemente. Dieses Land existiert nur in unserer Phantasie, und doch ist es der Wirklichkeit näher, als man glauben mag. Gebildet wird unser Reich von den chemischen Elementen – den Bausteinen der uns umgebenden, greifbaren, realen Welt. Es ist kein sehr großes Land: Es umfaßt nur etwa hundert verschiedene Regionen (wie wir die Elemente im folgenden oft bezeichnen werden). Und dennoch gibt es nichts Materielles in der uns bekannten Wirklichkeit, das seine Existenz nicht diesem Königreich verdankte. Die hundert Elemente, um die sich die folgende Erzählung rankt, formen im Zusammenspiel alle Planeten, alle Gesteine, alle Pflanzen und alle Tiere. Aus diesen Elementen besteht die Luft, das Meer, die ganze Erde. Wir laufen auf den Elementen, wir essen die Elemente, wird *sind* die Elemente. Und weil sich auch unsere Gehirne aus den Elementen aufbauen, basieren gewissermaßen unsere Gedanken auf den Eigenschaften der Elemente – und können somit als Bewohner des Königreiches gelten.

In unserem Königreich herrscht nicht etwa ein heilloses Durcheinander, sondern es ist straff organisiert. So unterscheiden sich die Eigenarten der einzelnen Regionen in der Regel nur geringfügig von denen ihrer Nachbarregionen. Wir finden nur wenige scharfe Wechsel – viel häufiger zeichnet sich die Landschaft durch sanften Wandel aus: Weitläufige Savannen gehen in geschwungene Täler über, die sich ab und zu in scheinbar grundlose Schluchten absenken; Hügelketten erheben sich aus den Ebenen, um sich schließlich zu imposanten Gebirgszügen aufzutürmen. Diese Bilder und Analogien sollten uns gegenwärtig sein, wenn wir uns auf die Reise durch das Königreich begeben. Und als Grundregel sollten wir in Erinnerung behalten, daß sich nicht nur die gesamte materielle Welt aus ungefähr hundert Elementen aufbaut, sondern daß diese Elemente auch in einer ganz bestimmten Art und Weise die Landschaft ihres Reiches formen.

An dieser Stelle wollen wir uns lediglich einen ersten Überblick verschaffen, um uns mit den groben Zügen der Landschaft vertraut zu machen. Unser Blick schweift über ein grandioses Panorama: vom Wasserstoff bis zum weit entfernten Uran. Jenseits des Urans liegen noch weitere, bereits erkundete Regionen, doch dann beginnt unbekanntes Terrain, das noch so manchen modernen Columbus herausfordern mag. In unserer näheren Umgebung dagegen finden wir ein wohl bekanntes Gebiet – die Regionen von Kohlenstoff und Sauerstoff, Stickstoff und Phosphor, Chlor und Iod. Im Laufe unserer ersten Erkundung werden wir noch etliche weitere Gebiete besuchen und lernen, uns in diesen Wüsten, Sümpfen, Seen oder Savannen zurechtzufinden.

Aus der Vogelperspektive vermögen wir zunächst die weiträumigen Landschaftsmuster zu erkennen (Abbildung 1.1). Wir blicken auf die schillernde, funkelnde Ebene, in der dicht an dicht die Metalle liegen und die wir als Westliche Wüste bezeichnen werden. Diese Wüste bietet in weiten Teilen nur wenig Abwechslung, obschon die feinen Schattierungen darauf hindeuten, daß auch hier eine Vielzahl kleinräumiger Landschaftsstrukturen vorhanden ist. Da und dort zieren Farbtupfer das Land, wie etwa das vertraute Glänzen des Goldes oder das Rot des Kupfers. Ist es nicht erstaunlich, daß diese Wüstenregionen einen derart großen Teil des Königreiches einnehmen (hier finden wir 86 der bekannten 112 Elemente) und das gesamte Königreich dennoch eine solche Pracht in die uns umgebende Welt zaubert? Diese Fülle läßt vermuten, daß die Wüste nur scheinbar verödet ist und daß wir bei näherer Be-

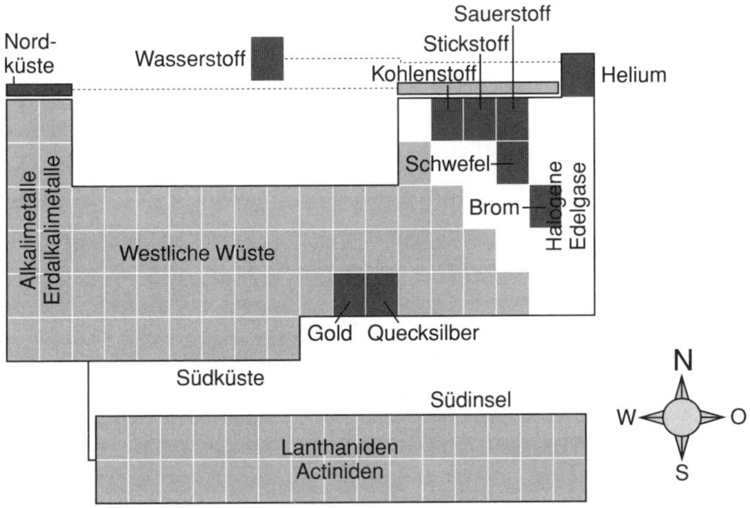

1.1 Die Übersichtskarte des Königreiches der Elemente. Die bedeutendsten Gebiete sind benannt. Die Westliche Wüste und die Südinsel sind die Heimat der Metalle; alle anderen Elemente zählen zu den Nichtmetallen.

trachtung ihren wahren Reichtum in Form der verschiedensten Mineralien entdecken und staunend feststellen werden, welche Vielfalt an physikalischen und chemischen Eigenschaften unter der scheinbar so öden Oberfläche verborgen liegt. Die nähere Untersuchung dieses Gebietes werden wir jedoch erst später vornehmen – aus unserer Vogelperspektive, hoch über dem Königreich, können wir den Reichtum der Wüste noch nicht entdecken.

Im Osten verändert sich – auch aus dieser Höhe schon erkennbar – die Landschaft einschneidend: Hier liegen die anheimelnderen Gegenden des Reiches, und darin eingebettet finden wir einen See. Bei näherer Betrachtung wird uns allerdings sofort klar, daß wir uns nicht in irdischen Gefilden bewegen: Der See hat keineswegs den gewohnten Blau- oder matten Grauton – vielmehr leuchtet uns ein kräftiges Rot mit einem deutlichen Braunstich entgegen! Dieses Feuchtgebiet ist als Brom bekannt. Daneben existiert nur noch ein weiterer See in unserem Wunderland, und zwar am östlichen Rand der Westlichen Wüste. Dieser See zeigt ein völlig anderes Erscheinungsbild: Metallisches, silbriges Funkeln blendet unsere Augen. Hier finden wir das Quecksilber – ein flüssiger See inmitten einer Steinwüste.

In diesen östlichen Landstrichen variieren Formen und Farben stark, und die Unterschiede nehmen noch zu, wenn wir uns der Ostküste nähern. Die Landschaft der Westlichen Wüste geht nach und nach in Formen über, die zwar metallisch zu sein scheinen, jedoch die typischen Charakterzüge eines Metalls vermissen lassen. Man könnte sie als gespaltene Persönlichkeiten bezeichnen: Die Rede ist von Elementen wie Silicium und Arsen oder auch von weniger bekannten Regionen des Reiches wie Polonium und Tellur. Scheinbar wird das Land hier chemisch fruchtbarer, doch in jenen weniger erforschten Landstrichen entspricht der erste Eindruck nicht immer der Wahrheit. Aus unserer Vogelperspektive fallen zunächst die unterschiedlichen Farben der Landschaft ins Auge. Wir erkennen den altbekannten Fleck aus kräftigem Gelb – den Schwefel der Hölle! Sein Nachbar Selen verändert seine Erscheinung wie im Wandel der Jahreszeiten: Metallisch grau ist die eine Form, rubinrot die andere. Wie kann ein und dieselbe Substanz so unterschiedliche Farben annehmen? Selen ist im Hinblick auf diese Eigenschaft nicht einzigartig. Auch das weitverbreitete Element Kohlenstoff zeigt eine bemerkenswerte Vielfalt an Erscheinungsformen: Meist ist es zwar schwarz wie Ruß, doch manchmal tritt es als funkelnder Diamant, als grau-metallischer Graphit oder in einer erst kürzlich entdeckten, orange-braunen Kristallform namens Fullerit auf. Wir sollten uns – um Verwirrungen zu vermeiden – der Tatsache bewußt werden, daß uns ein Element in verschiedenen Formen begegnen kann. Nach unserem metaphorischen Sprachgebrauch werden wir von saisonalen Formen sprechen, wenn wir die sogenannten „allotropen Modifikationen“ eines

Elements meinen. Wenn wir schließlich unsere Vogelperspektive verlassen und uns auf der Oberfläche des Königreiches weiterbewegen, können uns die Elemente in jeder ihrer jahreszeitlichen Erscheinungsformen begegnen.

Je näher wir der Ostküste kommen, desto stärker variieren die Farben der Landschaft. Am auffälligsten sind die *Halogene*: eng verwandte Regionen, zu denen auch der Bromsee zählt. Aus der Luft betrachtet können wir die Farbabstufungen gut erkennen: das fast farblose Fluor im hohen Norden, gefolgt vom gelbgrünen Chlor und dem rötlichen Brom. Südlich des Broms schließt sich das schwarzviolett schimmernde Iod an; in der Ferne sieht man bereits die Südküste funkeln. Zwischen Iod und der Küste liegt noch eine Region namens Astat, über die jedoch kaum etwas bekannt ist. Wie auch oft in unserer realen Welt ist hier Unwissen mit Nutzlosigkeit gepaart: Falls Sie noch nie etwas von Astat gehört haben, liegt das daran, daß es wenig Sinn macht, etwas darüber zu wissen. Es handelt sich um eine der wenig genutzten, unergiebigen und nur oberflächlich erforschten Gegenden unseres Königreiches.

Die unterschiedlichen Farbgebungen stellen den auffälligsten Aspekt der Landschaft dar. Dieser augenfällige Farbwechsel läßt uns vermuten, daß auch andere Eigenschaften der Elemente sich von Region zu Region ändern. Doch diese feiner abgestuften Änderungen sind häufig verborgen, und nur bei sorgfältiger Betrachtung treten sie offen zutage. Deshalb müssen wir wachsam sein, wenn wir später das Königreich zu Fuß durchstreifen, sonst könnten sich die weniger offensichtlichen Veränderungen unserer Beobachtung entziehen. Ein besonderer Reiz der Chemie besteht gerade darin, die zugrundeliegenden Trends zu entdecken, welche die Regionen des Königreiches zu Elementfamilien verbinden – also jene Gesetze zu studieren, die im Königreich der Elemente gelten.

Einer dieser Trends ist mit bloßem Auge grundsätzlich nicht zu erkennen: So wie wir die Luft nicht sehen können, die wir atmen, scheinen auch einige Regionen des Königreiches bar jeglicher

Substanz zu sein. Diese vermeintlich leeren Regionen liegen an den östlichen und nordöstlichen Küsten; einer Landschaft, die uns daher noch unfruchtbarer als die Westliche Wüste anmutet. Doch die Nordostküste ist keineswegs ein nutzloser Landstrich: Hier liegt die Heimat des Sauerstoffes, des universellen Vorboten des Lebens. Sauerstoff ist heute für das organische Leben auf der Erde von so grundlegender Bedeutung, daß wir ihn bereitstellen müssen, wo er nicht zur Verfügung steht. Unter die Meeresoberfläche schaffen wir ihn in Preßluftflaschen, und auch auf den Mond muß er uns begleiten. Wir pumpen ihn in sterbende Körper, damit der Lebensfaden nicht abreißt. Tonnenweise pressen wir ihn in Motoren, damit sie den Treibstoff verbrennen können. Sauerstoff ist die Essenz des Lebens, und Leben sowie zielgerichtete Bewegung kommen zum Stillstand, wenn es an Sauerstoff mangelt. All das zeigt uns die verborgene Macht der scheinbar substanzlosen Region am nördlichen Rand des Königreiches.

Unsichtbare Stärke ist nicht nur dem Sauerstoff eigen. Der westliche Nachbar, Stickstoff, erscheint ebenso substanz- und bedeutungslos, doch auch er ist lebensnotwendig: Ein Großteil der sowohl biologisch als auch industriell bedingten chemischen Aktivitäten zielt darauf ab, Stickstoff aus der Atmosphäre zu binden, wo er in außerordentlich großen Mengen vorkommt. Das Binden von Stickstoff nennt man „Stickstoffixierung". Dieser Prozeß ist auf unserer Erde überlebenswichtig – von genauso großer Bedeutung wie die Photosynthese, bei der atmosphärisches Kohlendioxid gebunden wird. Die Stickstoffixierung muß deutlich älter als die Geschichte des Menschen sein: Denn für den Aufbau von Proteinen ist Stickstoff unabdingbar, und die Proteine bilden die Grundlage allen organischen Lebens. Auch die Weitergabe der genetischen Information von Generation zu Generation ist ohne Stickstoff nicht möglich, weil er ein Bestandteil der Desoxyribonukleinsäure (DNS) ist – des Grundbausteines der Gene. Ohne die scheinbar leere Region des Stickstoffes würde das Leben ein abruptes Ende nehmen: Nicht nur die Weitergabe der Erbinformation wäre unmöglich, auch jegliche andere biologische Aktivität würde unterbunden – die Zahnräder des Lebens, die Proteine, wären nicht mehr vorhanden.

In den Regionen an der Ostküste liegt der Fall dagegen anders. Auch hier finden wir gasförmige Elemente; diese sind jedoch ausgesprochen reaktionsträge. Seit ihrer Entdeckung Ende des 19. Jahrhunderts wurden sie unter vielen verschiedenen Namen bekannt. Zuerst bezeichnete man sie als „seltene Gase“, da man von nur geringen Vorkommen ausging. Teilweise ist diese Annahme auch berechtigt, doch trifft sie nicht auf alle Vertreter dieser Gruppe zu. Eines dieser Gase, Argon, ist in unserer Atmosphäre in größerer Menge vorhanden als Kohlendioxid. Helium, das in der Atmosphäre wirklich nur in Spuren vorkommt, ist dagegen im Universum durchaus nicht selten: 25 Prozent der Materie besteht aus Helium, so daß es in Bezug auf die Häufigkeit die zweite Stelle hinter Wasserstoff einnimmt. Selbst das Radon, das ganz im Süden der Ostküste zu finden ist, existiert in gefährlich hohen Konzentrationen überall dort, wo natürliche Radioaktivität vorhanden ist. „Selten“ ist daher wohl kaum die angemessene Bezeichnung für diese Gase, und so wurden sie in „inerte Gase“ umgetauft. Tatsächlich liegt einer der Gründe für die späte Entdeckung der Regionen nahe der Ostküste auch in der Beobachtung, daß diese Gase nicht in Verbindungen zu finden waren. Für die frühen Erkunder des Königreiches der Elemente, die neue Regionen durch Untersuchung von Verbindungen entdeckten, blieb daher dieser Küstenstreifen lange im Verborgenen – man vermutete nicht einmal seine Existenz.

In jüngster Zeit gelang es allerdings doch, die inerten Gase in Verbindungen zu zwingen – die Unfruchtbarkeit dieser Regionen wurde überwunden. Derartige Erfolge bedeuten keinesfalls, daß der aride Küstenstreifen jetzt in voller Blüte steht, doch hie und da zeigt sich ein zögerliches Wachstum – das chemische Äquivalent zu einem zarten Pflänzchen in der Wüste. Somit war auch der Begriff „inert“ nicht mehr gerechtfertigt. Heute bezeichnet man diese Regionen gemeinsam als *Edelgase*. Der Name will die vornehme chemische Zurückhaltung bezeichnen, die an die Stelle der strengen Keuschheit getreten ist.

In groben Zügen können wir nun unser Königreich wie folgt beschreiben: Im Westen finden wir ausschließlich Metalle. Reist man ostwärts, trifft man zuerst auf die abwechslungsreiche Landschaft der Nichtmetalle, die schließlich fern im Osten an die sehr reaktionsträgen Elemente der Edelgase grenzt. Im Süden des Festlandes ist eine Insel vorgelagert, die wir die Südinsel nennen wollen. Sie besteht ausschließlich aus Metallen, die sich in ihren Eigenschaften stark ähneln. Im Norden des Festlandes, vergleichbar Island vor der europäischen Nordwestküste, liegt ein einsames, isoliertes Eiland: der Wasserstoff. Dieses einfache, doch hoch talentierte Element stellt einen wichtigen Außenposten des Königreiches dar, da es trotz seiner Schlichtheit eine schillernde chemische Persönlichkeit entfaltet. Zudem ist es das häufigste Element des Universums und liefert den Brennstoff für die Sterne.

2 Die Produkte der Regionen

Bei den Elementen Sauerstoff und Stickstoff haben wir gesehen, daß ihre Unsichtbarkeit nicht mit Nutzlosigkeit gleichzusetzen ist. Auch in der mehr oder weniger gleichförmigen Wüste der Metalle kann sich – bei entsprechenden Anstrengungen – reiche Produktivität entfalten. Zum momentanen Zeitpunkt wäre es noch nicht angemessen, alle Regionen des Königreiches in bezug auf ihre Produkte zu begutachten; wir müssen zunächst die einzelnen Institutionen des Königreiches besser kennenlernen, bevor wir die Produkte der einzelnen Regionen entsprechend würdigen können. Dennoch wollen wir uns an dieser Stelle eine Übersicht verschaffen.

Die metallischen Elemente sind sowohl für die natürlichen Landschaftsformen als auch für die Kunstprodukte der Wissenschaft und Technik von entscheidender Bedeutung. Betrachten wir zum Beispiel ein Element der Westlichen Wüste, das Eisen: das Metall, mit dessen Hilfe die Menschheit die Steinzeit überwinden konnte und geradewegs in und durch die Industrielle Revolution katapultiert wurde. Während der Industriellen Revolution erlebte diese Wüstenregion ihre Blüte: Durch strategische Allianzen mit den Nachbarregionen Kobalt, Nickel, Vanadium und Mangan wandelte sich das Eisen zu Stahl, dem „Träger“ unserer modernen Gesellschaft. Die Tatsache, daß Eisen so leicht Verbindungen mit seinen Nachbarn eingehen kann, führt uns zu einer wichtigen Erkenntnis: Unter der Oberfläche des Königreiches scheinen enge verwandschaftliche Verbindungen zu bestehen – vergleichbar den kulturellen und wirtschaftlichen Banden, die verbündete Nationen verknüpfen.

Die dem Eisen benachbarten Regionen spielten ebenfalls eine wichtige Rolle in der Geschichte unserer Zivilisation. Ein Stück östlich vom Eisen finden wir das Metall Kupfer. Da es leicht aus seinen Erzen zu gewinnen ist, war es das erste Metall, das die Menschheit auf ihrem langen Weg aus der Steinzeit nutzen lernte; somit zählt das Kupfer zu den ersten Materialien überhaupt, die gezielt gewonnen und bearbeitet werden konnten. Kupfer setzt der ungewollten chemischen Umwandlung, die wir als Korrosion bezeichnen, beachtlichen Widerstand entgegen. Auf dieser Widerstandsfähigkeit basieren zwei bedeutende technische Anwendungen: Zum einen fertigt man Wasserleitungen aus Kupfer (Wasser ist eine der agressivsten Chemikalien überhaupt), zum anderen prägt man Münzen aus einer Legierung von Kupfer und seinen Nachbarn Zink und Nickel. Auch hier begegnen wir wieder einer der verborgenen Verwandschaften im Königreich. In der Nähe des Kupfers finden wir Silber und Gold, die ebenfalls wegen ihrer Korrosionsbeständigkeit, aber auch wegen ihrer Seltenheit und ihrem prächtigen Aussehen, seit langer Zeit zu Münzen und Schmuck verarbeitet werden. Kupfer, Silber und Gold nennt man daher auch Münzmetalle – in Anlehnung an die Rolle, die sie in der Gesellschaft spielen.

Grundsätzlich kann man feststellen, daß die Erforschung der Westlichen Wüste von Ost nach West voranschritt; Industrie und Technik nutzten nacheinander die Metalle in dieser Reihenfolge. Dank des Kupfers folgte der Steinzeit die Bronzezeit. Als die Entdecker weiter nach Westen vordrangen und dabei immer derbere Methoden einsetzten, eroberten sie die Region des Eisens, mit dessen Hilfe sie noch schlagkräftigere Waffen schmieden konnten. In der Konkurrenz mit anderen Gemeinschaften waren jene im Vorteil, die Waffen aus Eisen besaßen – bestens gerüstet zum Überleben, Unterjochen und Töten. Die mächtigsten Staaten wurden seltener angegriffen und konnten sich den Wissenschaften widmen. Dies wiederum hatte zur Folge, daß die wissenschaftlichen Eroberer in die entfernteren westlichen Regionen der Wüste vordringen konnten.

Dort entdeckten sie außerordentliche Schätze. Tief im Westen der Wüste, in einer Landenge, die sich vom Zink im Osten bis zum Scandium im Westen erstreckt, stießen sie auf das Titan: ein in der Tat stattlicher Fund! Titan birgt in sich alle Eigenschaften, die es einer hochtechnologisierten Gesellschaft ermöglichen, nach den Sternen zu greifen. Dieses Metall ist zäh und korrosionsbeständig, trotzdem aber leicht – ein typischer Vertreter der Regionen in diesem Teil der Westlichen Wüste. Titan und seine Nachbarn Vanadium und Molybdän formen in Zusammenarbeit mit dem Eisen die widerstandsfähigen Stähle, mit denen wir felsige Gebirge durchbrechen und Wolkenkratzer bauen können. Wahrlich spielt diese Landenge, die zwei große Blöcke im Westen und Osten unseres Reiches verbindet, eine ganz besondere Rolle: Kein anderer Landschaftsteil beherbergt so viele Arbeitspferde für unsere moderne Gesellschaft, die zudem noch so gut harmonieren.

Der Westliche Block ist auch noch ein Teil der Westlichen Wüste, doch seine Regionen sind beeindruckender als die der Landenge. Es ist das Reich derjenigen Metalle, die – aufgrund ihrer extrem hohen Reaktivität – niemals gediegen (der technische Ausdruck für Metalle in ihrer freien Form) in der Natur zu finden sind. Die meisten dieser Metalle reagieren so heftig, daß man sie nicht einmal berühren kann. Wir begegnen hier einer chemischen Eigenart des Königreiches, die – wenn auch nicht so augenfällig wie die Farben des Östlichen Blockes – uns ebenso stark beeindruckt. Um diese Eigenart wahrzunehmen, bedarf es lediglich einer schlichten Reaktion: Wir müssen beobachten, was geschieht, wenn es in diesem entlegenen Teil der Wüste einmal regnet.

In der weit nordwestlich gelegenen Region des Lithiums zeitigt der Regen kaum eine Wirkung. Sicherlich wird der Boden blubbern und brodeln, weil die Wassertropfen Wasserstoffgas entstehen lassen. Im großen und ganzen wird die Reaktion jedoch recht ruhig verlaufen, und wir können keine dramatischen Veränderungen der Landschaft feststellen. Bei Natrium, dessen Region im Süden angrenzt, treffen wir bereits auf andere Verhältnisse: Himmel und Erde liegen in heftigem Kampf. Treffen die Regentropfen auf die Erdoberfläche, beginnt diese sofort zu sieden und zu zischen. Ist ein Regenguß in der Region von Lithium noch hinnehmbar und bei Natrium kaum mehr zu ertragen, so kann man sich nicht ausmalen, was ein Regenschauer in der Region von Kalium – direkt südlich von Natrium gelegen – anzurichten vermag. Nicht nur, daß der Boden zischt und brodelt – er fängt Feuer und brennt lichterloh! Die Reaktion zwischen Metall und Regenwasser verläuft hier so heftig, daß sich der entstehende Wasserstoff entzündet. Diese Region ist während eines Regens wahrlich unbewohnbar. Und noch weiter im Süden? Hier erwartet uns akute Explosionsgefahr, wenn es regnet! In den Regionen von Rubidium und Cäsium schlägt jeder Regentropfen wie eine Bombe ein: Kaum berührt er den Boden, wird er von einer Explosion zerrissen. Alles in allem beobachten wir in dieser Elementfamilie also eine von Norden nach Süden zunehmende chemische Reaktivität.

Auch wenn die Metalle an der Küste der Westlichen Wüste – allgemein als *Alkalimetalle* bekannt – sich wie wild gebärden, sind sie sowohl für die Natur als auch für die Industrie von Nutzen. Gezähmte Wildheit kann sehr nützlich sein. So finden wir zum Beispiel das Natrium in unserem Kochsalz (als Natriumchlorid); diese Substanz ist so bedeutend, daß sie von Regierungen gern mit Steuern belegt wird. Auch die Aktivität unseres Nervensystems einschließlich des Gehirns ist von Natrium abhängig. Ohne Natrium würden wir hochentwickelten Organismen auf die Stufe leb- und bedeutungsloser Maschinen absinken. Das Alkalimetall Kalium, das sich nur wenig von Natrium unterscheidet, spielt für die Aktivität der Nervenzellen ebenso eine wesentliche Rolle. Das empfindliche Gleichgewicht zwischen diesen beiden Elementen bringt Gedanken und Bewegung hervor, läßt leben, was sonst tot wäre. Auch hier begegnen wir wieder der wundersamen Macht, die der Synergie zweier benachbarter Elemente entspringt: Der harmonische Zusammenklang vieler Eigenschaften kann mehr bewirken als jede der Eigenschaften für sich alleine. Die Gedanken sind das wohl subtilste Phänomen der Materie, und gerade dieses beruht – zumindest teilweise – auf dem Zusammenspiel zweier benachbarter Regionen, die sich in ihren Eigenschaften nur wenig voneinander unterscheiden.

Eine weitere Gruppe von Regionen grenzt direkt im Osten an die Alkalimetalle; auch diese Regionen zeigen eng verwandte Eigenschaften. Die Elemente dieser Familie werden – etwas umständlich – als *Erdalkalimetalle* bezeichnet. Hier finden wir das Calcium, das ebenfalls zischt, wenn es regnet; wie beim Lithium blubbert der Boden und es bildet sich Wasserstoffgas. Calcium ist sehr viel nützlicher als Lithium, und die Natur fand für Calcium bereits lange vor der Zeit Verwendung, in der die Menschen begannen (hauptsächlich in Form von Atombomben), Lithium zu nutzen. Calcium ist, wie Natrium und Kalium, eine Komponente des Nervensystems, doch darüber hinaus ist dieses Element ein wichtiger Baustoff und charakteristisch für die Erhaltung von Strukturen und Formen. In der Natur finden wir Calcium in den Knochen der Wirbeltiere (als Calciumphosphat) und den Schalen der Wirbellosen (als Calciumcarbonat). Die Ansammlung der leblosen Hüllen von Muscheln und Korallen trug schließlich mit dazu bei, das stabile „Skelett“ unserer heutigen Landschaften zu formen. Kalksteingebirge sind das Erbe marinen Lebens, und sie überdauern wegen des Calciums, das sie enthalten.

Die Natur wurde im Laufe der Geschichte vom Menschen kopiert: Er brach den Kalkstein und errichtete Gebäude, die tausende von Jahren Bestand haben. Die Römer stellten Beton und Mörtel her – doch sie waren sich nicht bewußt, daß sie letztlich das Calcium des Königreiches verwendeten. Ohne die Erzeugnisse dieser Region in der Westlichen Wüste gäbe es nicht nur keine festen Gebäude in unserer zivilisierten Gesellschaft – auch hätte das Tierreich niemals Waffen (wie die Zähne) oder schützende Panzer entwickeln können.

Direkt im Norden von Calcium liegt Magnesium. Diese Region weist zwar auch sehr ähnliche, jedoch nicht exakt die gleichen Eigenschaften wie das Calcium auf. Magnesium ist weniger reaktiv als Calcium: Regnet es hier, bleibt der Boden in weiten Teilen unverändert. Doch ähnlich dem Calcium kann das Magnesium Gesteinen als Rückgrat dienen, und wir finden es vergesellschaftet mit Calcium in dem kalkartigen Mineral namens Dolomit, aus dem die Dolomiten in Österreich und Italien aufgebaut sind. Ein besonders wichtiges Erzeugnis der Region des Magnesiums ist ein organisches Molekül namens Chlorophyll, das in seinem Zentrum ein einzelnes Magnesiumatom birgt. Ohne Chlorophyll wäre die Erde ein dampfender, warmer Felsklotz und nicht dieser sanfte, grüne Zufluchtsort für alle lebenden Kreaturen, die wir kennen. Denn Chorophyll hält sein magnesiumbewehrtes Auge in die Sonne und fängt die Energie des Sonnenlichtes ein – dies ist der erste Schritt der Photosynthese. Aus Gründen, die wir später noch kennenlernen werden, eignet sich das Magnesium optimal für diese Aufgabe. Würde dieses Element im Königreich fehlen, wäre das Auge des Chlorophylls blind; die Photosynthese könnte nicht stattfinden und das Leben, wie wir es kennen, könnte nicht existieren.

Am südlichen Ende dieser Elementfamilie finden wir die Regionen von Strontium, Barium und Radium. Nach und nach werden uns die Muster im Aufbau des Königreiches klar, und da das Erkennen von Mustern die Grundlage aller Voraussagen bildet, können wir vorhersehen, daß diese Elemente sehr viel reaktiver sein werden als die benachbarten Regionen im Norden. Tatsächlich verhalten sie sich gegenüber ihrer Umgebung so aggressiv, daß sie von nur geringem Nutzen sind – auch die Natur fand keine Verwendung für sie. Doch wir, die Kinder der Natur, haben sie uns doch zunutze gemacht. Radium ist hochradioaktiv (eine kernphysikalische, keine chemische Eigenschaft), und es wird in der Krebstherapie eingesetzt, um die sich unkontrolliert vermehrenden Zellen abzutöten. Eine radioaktive Form des Strontiums, Strontium-90, ist Bestandteil des nuklearen Fallouts. In Knochen kann es den Platz von Calcium einnehmen und sich so anreichern; es kann lebenswichtige Zellen zerstören und zur Entstehung von Leukämie führen.

Nun ist es an der Zeit, die Landenge wieder gen Osten zu überqueren, um den Regionen im Östlichen Block einen Besuch abzustatten. Wir treffen hier auf eine unvorstellbare Vielfalt von Produkten. Die interessantesten Regionen liegen an der Nordküste; zwei von ihnen, Stickstoff und Sauerstoff, haben wir bereits besucht. Doch keine Region der Nordküste – oder auch sonst irgendwo im Königreich – ist so fruchtbar wie die des Kohlenstoffes. Kohlenstoff ist in mancher Hinsicht ein recht gewöhnliches Element; in seinen Verbindungen ist er in der Regel gut zu handhaben. Im Gegensatz zum Flour, das sich nur ein paar Regionen weiter östlich befindet, ist der Kohlenstoff keine hochreaktive Primadonna. Wie im Leben wird auch in der Chemie diese Zurückhaltung belohnt, und wegen seiner Ausgewogenheit konnte der Kohlenstoff im Königreich der Elemente den Thron besteigen. Bekannt ist der Kohlenstoff natürlich als das Element der organischen Verbindungen: Die außergewöhnlichen und komplexen Eigenschaften, die wir als „Leben" bezeichnen, entstammen nahezu allesamt dieser schwarzen, nördlichen Region unseres Königreiches der Elemente.

Unmittelbar südlich des Kohlenstoffes finden wir das Silicium. Wie so oft zwischen Nachbarn gestaltet sich das Zusammenleben schwierig. Ähnlich dem Kohlenstoff kann auch das Silicium langkettige Moleküle bilden, wie sie für solch komplexe Prozesse wie die des Lebens unabdingbar sind. Die Fähigkeit, diese Ketten aufzubauen, ist jedoch schwächer ausgeprägt als beim Kohlenstoff. Dies mag mit ein Grund sein, warum es kein „siliciumorganisches" Leben gibt. Aber vielleicht schlummert diese Fähigkeit doch im Silicium, wer weiß? Die wichtigsten Erzeugnisse des Kohlenstoffes, die lebenden Organismen, bemühen sich seit einigen Milliarden Jahren, Mechanismen zum Sammeln und zur Weitergabe von

Information zu etablieren (eine knappe Definition des Phänomens „Leben“); Silicium verharrte in Untätigkeit und schaute zu. Die jüngst zustandegekommene Allianz der beiden Regionen, in der aus Kohlenstoff aufgebaute Organismen Kunstprodukte auf Siliciumbasis für die Informationstechnologie entwickelten, führte zur Versklavung des Siliciums. In ihrer frühreifen Art bemühen sich die Kohlenstofforganismen ständig, die im Silicium schlummernden Kräfte zu mobilisieren. Möglicherweise gipfelt diese Entwicklung eines Tages darin, daß Silicium gegenüber dem dominanten Nachbarn aufzubegehren vermag und die Oberhoheit übernehmen könnte. Auf lange Sicht besitzt Silicium sicherlich das entsprechende Potential, denn im Vergleich zum Kohlenstoff wären der Metabolismus und die Vervielfältigung eine weniger schmutzige Angelegenheit. Hier treffen wir wohl auf eine der feinsinnigsten gegenseitigen Abhängigkeiten im ganzen Königreich: Das Silicium wird sich der in ihm schlummernden Fähigkeiten ohne die Geburtshilfe des Kohlenstoffes nie bewußt werden.

Eine ganz besonderer Trend wird deutlich, wenn wir uns weiter in diesem Teil des Königreiches bewegen: Kohlenstoff – wie auch seine westlichen und östlichen Nachbarn, Bor und Stickstoff – ist ein typisches Nichtmetall. Ziehen wir jedoch nach Süden, so gelangen wir bald in den Einflußbereich der Westlichen Wüste, deren Grenze sich diagonal – von Nordwesten nach Südosten – in den Östlichen Block vorschiebt. In diesem abgetrennten Dreieck spüren wir bereits die Glut der Wüste: Wir treffen auf bekannte Metalle wie Aluminium, Zinn und Blei sowie auf die eher unbekannten metallischen Elemente Gallium und Thallium. Das Muster, auf das wir achten sollten, sind die diagonalen Grenzverläufe: Überall im Königreich finden wir verwandschaftliche Beziehungen zwischen Elementen, die auf den von Nordwest nach Südost verlaufenden Diagonalen liegen.

Während die Metalle der Westküste so vor Kraft strotzen, daß sie eine gefährliche Reaktivität entwickeln, geht es hier am östlichen Ausläufer der Wüste sehr viel ruhiger zu – so ruhig, daß man fast von einer chemischen Totenstarre sprechen kann. Das Zinn zum Beispiel wurde früher verwendet, um Weißblechdosen vor Korrosion zu schützen. Inzwischen hat das Aluminium sowohl Zinn als auch Eisen verdrängt – als universell einsetzbare Getränkeverpackung bietet das Aluminium sowohl den Halt des Eisens als auch die schützende Funktion des Zinns. Sogar solch korrosive Getränke wie Coca-Cola können problemlos in Aluminium-Getränkedosen vermarktet werden. Das Blei, der südliche Nachbar des Zinns, ist aufgrund seiner chemischen Beständigkeit bereits seit historischen Zeiten berühmt: Seit dem Römischen Reich bis in unsere Tage ist es zum Transportieren einer korrosiven Flüssigkeit im Einsatz – dem Wasser. Es grenzt an eine Schande, daß Blei nicht vollständig inert gegen Wasser ist: Geringe Anteile lösen sich und können über das Trinkwasser ins menschliche Gehirn gelangen. Die Folge ist verheerend; man vermutet, daß die so bedingte Verblödung zum Kollaps mächtiger Reiche geführt hat. Soweit kann es kommen zwischen vermeintlich Verbündeten – in unserem Fall zwischen dem Kohlenstoff hoch im Norden und dem Blei im tiefen Süden.

Die beobachteten großen Unterschiede zwischen den Metallen an der östlichen und der westlichen Grenze der Westlichen Wüste – die ersteren ruhig und genügsam, die letzteren wild und gewalttätig – lassen uns vermuten, daß die Landenge eine Brückenfunktion zwischen diesen beiden Gruppen einnimmt (Abbildung 2.1). Bereisen wir diese Landenge, wird ein stetiger Wandel der Eigenschaften deutlich: Das Scandium im Westen ist ein reaktives Metall, während das Kupfer nahe dem Ostende der Landenge sich zahm verhält. Diese Beobachtung gab den Elementen der Landenge ihren Namen: Man nennt sie *Übergangsmetalle*. Bestimmte technische Gründe deuten zwar darauf hin, den östlichen Stützpfeiler der Landenge – die Metalle Zink, Cadmium und Quecksilber – nicht in diese Bezeichnung miteinzubeziehen. Wir wollen jedoch festhalten, daß auf der Landenge ein Gefälle zu beobachten ist: Die chemische Reaktivität nimmt von West nach Ost ab.

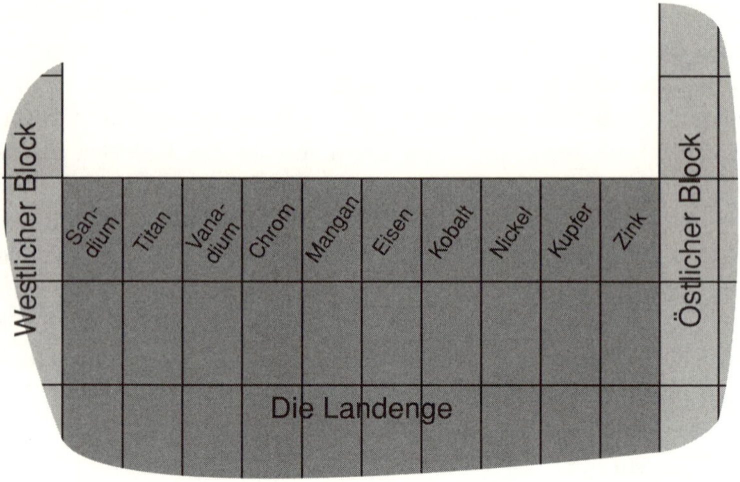

2.1 Einige der Metalle, welche die Landenge zwischen dem Östlichen und dem Westlichen Block bilden.

Nun zurück zum Östlichen Block. An der diagonal verlaufenden Grenze der Westlichen Wüste – der sich von Nordwesten nach Südosten erstreckenden Übergangszone zwischen Metallen und Nichtmetallen – finden wir eine schwer definierbare Region: Die dort beheimateten Elemente zeigen sowohl metallische als auch nichtmetallische Charakterzüge und werden als *Halbmetalle* bezeichnet. In der Übergangszone liegen bekannte Elemente wie Silicium und Arsen, doch viele Regionen dürften weniger vertraut sein, zum Beispiel Antimon und Polonium. Wichtig ist die Beobachtung, daß Kohlenstoff an diese Zone grenzt und Silicium darin liegt. Wahrscheinlich ist es kein Zufall, daß dieser zweideutige Bereich all die Elemente beherbergt, die für die komplexesten aller Eigenschaften – Leben und Bewußtsein – unabdingbar sind.

Überschreiten wir den Gürtel der Halbmetalle, gelangen wir in den Kern des Östlichen Blockes – in das Gebiet der Nichtmetalle.

Teilweise ist uns das Terrain schon vertraut: Hier finden sich Stickstoff, Sauerstoff und die Halogene. Direkt im Süden von Stickstoff und Sauerstoff finden wir zwei weitere Regionen, die von der Natur seit langem genutzt werden und sich daher voll entwickeln konnten. Der südliche Nachbar des Stickstoffes ist der Phosphor, der erstmals durch Destillation und weitere Umsetzungen aus Harn gewonnen wurde – ein Hinweis darauf, wie weit Chemiker zu gehen bereit sind, oder vielleicht auch nur ein Zeichen für die analen Wurzeln ihres Berufsstandes. Einmal entdeckt, fand man den Phosphor in den verschiedensten Variationen: als weißer Phosphor, roter Phosphor oder auch als schwarze, metallische Spielart. Doch wir schweifen vom eigentlichen Thema ab: Wir sollten uns vor allem bewußt machen, wie abrupt sich die Eigenschaften ändern, wenn wir von der Nordküste aus Richtung Süden ins Landesinnere reisen. Das Element an der Küste, der Stickstoff, ist ein farbloses, unreaktives Gas. Sein unmittelbarer Nachbar, Phosphor, ist hingegen ein farbenfroher, reaktiver Feststoff. Einen ähnlich drastischen Unterschied finden wir unmittelbar im Osten: Schwefel, ein gelber Festkörper, liegt direkt im Süden von Sauerstoff, einem farblosen Gas. Direkt südlich des flachen Küstenstreifens erhebt sich also abrupt ein Kliff. Tatsächlich unterscheiden sich die Elemente des Küstenstreifens, vom Bor bis hin zum Fluor, erheblich von ihren südlich angrenzenden Nachbarn. Später werden wir feststellen, daß diese beiden Elementreihen sich jedoch bei tieferer Betrachtung als ähnlicher erweisen, als es die von äußerer Erscheinung und Nützlichkeit geleitete oberflächliche Betrachtung vermuten läßt, und daß ihre Lage am nördlichen Ende des Königreiches genau die richtige ist.

In diesem kleinen Gebiet des Königreiches finden wir die Grundbausteine des Lebens – Kohlenstoff, Stickstoff, Sauerstoff und Phosphor. Komplexe Strukturen können aus den marginalen Unterschieden von Blutsverwandten entstehen. Wie wir bereits festgestellt haben, ist der Phosphor in Knochen enthalten (als Calciumphosphat), doch hat die Natur diese Region zu mehr genutzt als nur als für das Skelett von Wirbeltieren. Die Natur entdeckte in der vielschichtigen Persönlichkeit des Phosphors Eigenschaften, die ihn als perfekten Energieträger für lebende Organismen ausweisen. Denn eine augenfällige Eigenart des Lebens liegt in seiner Beständigkeit. Diese fordert eine behutsame Bereitstellung und Verteilung der nötigen Energie: ein kleines bißchen Energie hier, ein wenig dort – und nicht etwa eine plötzliche Überflutung! Leben bedeutet kontrollierte Freisetzung von Energie. Phosphor erweist sich in Form von Adenosintriphosphat (ATP) als der perfekte Energieträger; daher finden wir Phosphor in jeder lebenden Zelle. In Viren fehlt er; sie beziehen ihn von den Wirtszellen und entfalten ihre Aktivität, sobald Phosphor verfügbar ist. Wir treffen hier auf eine weitere harmonische Allianz zwischen Elementen – eine Allianz zwischen Stickstoff, der für die Nutzbarmachung und Umwandlung von Energie sorgt, und Phosphor, der unter der Kontrolle stickstoffhaltiger Proteine für die angemessene Verteilung der Energie verantwortlich ist. Die zentrale Bedeutung des Phosphors hat die Düngemittelindustrie zu beträchtlichen Anstrengungen in dieser Region des Königreiches veranlaßt; denn für ihr Wachstum sind Getreide und andere Feldfrüchte auf ausreichenden und leicht verfügbaren Phosphor angewiesen. Jede einzelne der Myriaden jährlich kultivierter Zellen benötigt Phosphor – genau wie auch wir, die wir unseren Bedarf dadurch decken, daß wir die Früchte des Feldes verzehren.

Die Region des Schwefels wurde ebenfalls von der Natur erschlossen. In ihrer unbedarften, spielerischen, und doch so effektiven Art stieß die Natur bei ihren ersten Versuchen, Leben zu schaffen, auf den Schwefel. Sie entdeckte, daß in mancher Hinsicht der Schwefelwasserstoff (H_2S), ein Analogon des Wassers (H_2O), von Organismen in derselben Art und Weise genutzt werden kann wie das Wasser in der Photosynthese – nämlich als Wasserstoffquelle. Der große Unterschied besteht jedoch darin, daß nach dem Abspalten von Wasserstoff aus einem Wassermolekül in den Pflanzen Sauerstoff entsteht, der in die weltumspannende Atmosphäre entweicht. Wird im Innern eines Bakteriums dagegen Wasserstoff aus einem Schwefelwasserstoffmolekül gewonnen, bleibt Schwefel zurück. Als Feststoff kann der Schwefel nicht einfach entweichen, und so mußten die Bakterien Mechanismen entwickeln, die ihr Überleben sichern und sie nicht an ihrem eigenen Abfall zugrunde gehen lassen. Noch heute gewinnen wir Schwefel aus den damals entstandenen Müllhalden im Golf von Mexico. Der nördliche Nachbar des Schwefels, der Sauerstoff, zeigte sich bei den blinden Anstrengungen der Natur, Leben zu schaffen, als besser geeignet. Schwefel wird daher heute nur noch gelegentlich von Organismen genutzt, und der Schwefelwasserstoff kann nur von wenigen niedrigen Arten verstoffwechselt werden, die sich in einer winzigen Nische in der Natur eingenistet haben.

Das bedeutet jedoch nicht, daß bestimmte moderne Organismen nicht ständig daran arbeiten würden, den Schwefel für ihre eigenen Zwecke nutzbar zu machen. Tatsächlich ist die Schwefelsäure – eine Verbindung aus Schwefel und Sauerstoff – das wichtigste Produkt der chemischen Industrie. Nur sehr wenige unserer Industrieprodukte kamen im Laufe ihres Produktionsprozesses nicht mit Schwefelsäure in Kontakt. Die Schwefelsäureproduktion dient als Maß für die Wirtschaftskraft eines Landes. Zudem schätzt man mit diesem Indikator immer häufiger die landwirtschaftliche Produktivität von Staaten ab, da die Schwefelsäure bei der Düngemittelproduktion eine Schlüsselrolle spielt. Ihre wichtigste Aufgabe dabei ist es, den Phosphor aus den Mineralien herauszulösen, in denen er gebunden ist. Wieder treffen wir auf interessante Beziehungen: Organismen auf der Basis von Kohlenstoff nutzen Säuren auf Schwefelbasis, um phosphorhaltige Düngemittel zu produzieren, die zum Wachstum stickstoffhaltiger Proteine nötig sind.

Hat man den steilen Anstieg auf dem Weg von der Nordküste ins südlich gelegene Landesinnere erst hinter sich gelassen, verändern sich die Charaktere von Region zu Region nur noch schwach. Grundsätzlich bemerkt man in Richtung Südosten ein stärkeres

Auftreten des Metallcharakters auf Kosten der Eigenschaften, die für Nichtmetalle typisch sind. Tief im Süden finden wir Regionen, um die sich die Natur noch wenig gekümmert hat: Selen, Tellur, Polonium und – etwas mehr westlich – Arsen, Antimon und Bismut. Tatsächlich bringt die Region von Arsen, direkt südlich des lebensspendenden Phosphors, das klassische Gift hervor. Die Giftwirkung von Arsen beruht auf seiner Ähnlichkeit zu Phosphor: In Reaktionen nimmt es zunächst den Platz von Phosphor ein, doch aufgrund der nicht ganz identischen Eigenschaften blockiert es ihren weiteren Fortschritt und stört so empfindlich den Zellstoffwechsel. Arsen wird zum Töten verwendet – mit positiver Motivation in Arzneimitteln gegen Infektionen, mit negativer Absicht in Nervengasen.

Im Osten der bislang besuchten Regionen finden wir die Halogene: von Fluor im Norden bis zu Iod im Süden, gefolgt von dem wenig bekannten Astat an der Südküste. Die Halogene sind – mit Ausnahme des Astats – sowohl für die Natur als auch für die Industrie von großem Nutzen. Daher verwundert es nicht, daß diese Regionen intensiv erforscht wurden. Als die Chemiker gegen Ende des 19. Jahrhunderts zum ersten Mal in das Land der Halogene aufbrachen, stellte das Fluor nicht viel mehr als eine Laborkuriosität dar. Fluor ist ein chemisch besonders aggressives Gas und schwer aufzubewahren, weil es sofort die Behälter angreift und zu Sieben durchlöchert. In der Mitte des 20. Jahrhunderts wurde es jedoch nötig, die Isotope des Urans aufzutrennen, um einerseits Atombomben zu bauen, andererseits die aus technischer Sicht eng damit verwandte Kernenergie zu gewinnen. Für die Isotopentrennung wird die flüchtige Verbindung Uranhexafluorid eingesetzt. Große Mengen Fluorgas wurden benötigt, und die moderne Gesellschaft fand die Wege, das Fluor zu handhaben. Ein erfreuliches Ergebnis dieser Bemühungen bestand in der Verwendung von Fluor zum Härten des Zahnschmelzes; dies bewirkte weltweit eine Verbesserung der Zahngesundheit. Die technische Verfügbarkeit von Fluor führte zur Entwicklung von Fluorkohlenwasserstoffen und damit unter anderem auch zu den zweckmäßigen Antihaftbeschichtungen für Bratpfannen.

Chlor, direkt südlich von Fluor gelegen, wurde sowohl von der Natur als auch von der Industrie in Beschlag genommen. Ein Grund dafür ist seine Verfügbarkeit: Riesige Mengen sind im Meerwasser, gepaart mit Natrium, als Natriumchlorid gebunden. Das Meersalz – mehrfach gereinigt – findet schließlich als Koch- und Tafelsalz Eingang in unsere Küchen. Chlor ist auch in unserem Körper in erheblichen Mengen vorhanden, da unsere Körperflüssigkeiten immer noch das wässrige Millieu widerspiegeln, dem wir entstammen. Das Chlor spielt in unserem Körper – ähnlich wie im Meer – eine eher passive Rolle; es begleitet treu seinen Ehepartner Natrium und übernimmt nur selten eine eigene Funktion. Als Gas besitzt das Chlor sehr ähnliche Eigenschaften wie sein nördlicher Nachbar Fluor: Es ist aggressiv reaktiv, und man hat mit ihm sowohl Mikroben als auch Menschen getötet. Auf viel subtilere Art könnte das Chlor sogar für die zur Vernichtung eines größten Teils der Menschheit verantwortlich werden: Denn Chlorkohlenwasserstoffe und Fluorchlorkohlenwasserstoffe werden als Kühlmittel eingesetzt. Da sie unvermeidlich in die obere Atmosphäre entweichen wird dort die Ozonschicht der Erde abgebaut: Ozon, eine gasförmige Verbindung aus Sauerstoffatomen, bildet ein atmosphärisches Schutzschild, das die gefährlich harte UV-Strahlung der Sonne abfängt. Diese Strahlung kann empfindliche, lebenswichtige organische Moleküle in nutzlose und manchmal sogar schädliche Bruchstücke zerlegen. Das Chlor in der oberen Atmosphäre greift die Ozonmoleküle an und verwandelt sie zurück in gewöhnliche Sauerstoffmoleküle; dadurch wird die Schutzschicht nach und nach vermindert. Natürlich verdanken wir dieser Region des Königreiches auch sehr viel Gutes, jedoch ist sie für eine der größten Bedrohungen unserer Umwelt verantwortlich.

Weiter im Süden treffen wir auf den See des flüssigen Elements Brom. Es ist der einzige See im Östlichen Block, und im ganzen Königreich finden wir lediglich noch einen weiteren. Die Natur vermied in den meisten Fällen den Einsatz von Brom – das viel häufiger anzutreffende Chlor bot zumeist einen adäquaten Ersatz. Die nur geringfügig anderen Eigenschaften des Broms schienen für die Natur von nicht großem Nutzen zu sein. Die Chemiker dagegen freuten sich sehr über das Brom, da es sich leicht an organische Moleküle binden, aber auch mit derselben Leichtigkeit wieder abspalten läßt. Daher ist es ein geeignetes Mittel, um Moleküle so umzuformen, daß sie den Bedürfnissen unserer modernen Industriegesellschaft genügen. Brom ist eher ein nützliches Arbeitspferd für die Hersteller als ein Aushängeschild für den Einzelhändler. Auch wenn es nicht gerade im Rampenlicht steht, sollten wir es nicht verachten. Eine verbreitete Anwendung findet Brom in der Photographie: Silberbromid vereinigt verschiedene spezielle photochemische Eigenschaften von Silber und Brom und hilft uns so, Lichtbilder einzufangen.

Iod ist wiederum nützlicher für die Natur als das Brom. Es unterscheidet sich deutlich vom Chlor, und die Natur setzt es bei verschiedenen biochemischen Prozessen zum Schutz gegen fremde Chemikalien und Organismen ein.

Der Südküste vorgelagert finden wir einen ungewöhnlichen Ausläufer unseres Königreiches: die Südinsel. Eigentlich kann man sie zur Westlichen Wüste zählen, und in älteren Landkarten des Königreiches findet man sie eingelagert ins Festland, wobei sie eine schmale Brücke zwischen der Landenge der Übergangsmetalle und dem Westlichen Block bildet. Die Südinsel besteht lediglich aus zwei recht gleichförmigen Küstenstreifen. Die Nordküste beherbergt eine Familie auffallend ähnlicher Metalle, die gemeinhin als Seltene Erden oder – mehr formell – als *Lanthaniden* bekannt sind. (Manchmal werden sie auch als „innere Übergangsmetalle“ bezeichnet; dies rührt von den veralteten Darstellungen des Königreiches her.) Die Lanthaniden ähneln einander so stark, daß sie bis in jüngste Zeit nur unter äußersten Anstrengungen voneinander zu trennen waren. In der Tat legt die große Ähnlichkeit dieser Metalle den Schluß nahe, daß sich ihre Trennung kaum bezahlt machen wird. Die Natur fand offensichtlich während der Genese des Lebens keine Verwendung für die Lanthaniden, und die Menschheit hat erst in jüngster Zeit wenige sporadische Anwendungsmöglichkeiten entdeckt. Dabei handelt es sich unter anderem um Leuchtstoffe, die die Energie eines beschleunigten Elektronenstrahls in verschiedenfarbiges sichtbares Licht umwandeln; diese Technik wird in den Bildröhren der Fernsehgeräte eingesetzt.

Der südliche Küstenstreifen der Insel birgt die Elemente, die man als *Actiniden* bezeichnet. Bis zu den Bemühungen, die mit der Entwicklung der Atombombe einhergingen (in den vierziger Jahren bekannt als „Manhattan-Projekt“), reichte das Königreich nur bis zum Uran. (Vielleicht gab es auf entfernten Sternen noch weitere Elemente.) Das Manhattan-Projekt könnte man schlicht und ergreifend als Landgewinnungsmaßnahme an der Südküste der Südinsel bezeichnen: Die Entdeckung und Herstellung der sogenannten Transurane trugen zur Erweiterung des Königreiches bei und vervollständigten die Südküste der Insel. Ein ähnliches Vorhaben läuft immer noch im Bereich der Südküste des Festlandes, und alle paar Jahre erweitert sich das Festland im Südosten um eine neue Region. Es gibt nur wenig Verwendung für diese neuzeitlichen Gebiete, denn sie sind so instabil, daß sie nur kurze Zeit bestehen. So wurden zum Beispiel im Februar 1996 zwei Atome des Elements 112 hergestellt, die in weniger als einer halben Millisekunde zerfielen.

Auch auf dem Weg zur Ostküste des Festlandes finden wir wiederum einen Steilabfall vom Festlandsockel hin zum Küstenstreifen: Die chemische Reaktivität nimmt von den Halogenen hin zu den Edelgasen dramatisch ab. Zur gegebenen Zeit werden wir erfahren, warum sich diese beiden Zonen so sehr in ihren Eigenschaften unterscheiden, obwohl sie direkt nebeneinander liegen. Die Geologie vermag dramatische Anhebungen in einer Landschaft zu erklären. So erlaubt uns auch die Chemie, Gründe für den scharfen Übergang der chemischen Aktivität von den Edelgasen an der Küste hin zu den gefährlich reaktiven Halogenen im Inland zu nennen. Vorerst wollen wir diese Frage allerdings in den Sack mit all den Problemen packen, die wir noch zu lösen haben.

Daß sich die Edelgase größtenteils von allen chemischen Aktivitäten fernhalten, bedeutet noch lange nicht, daß man sie zu den unproduktiven Bereichen des Königreiches zählen darf. In bestimmten Fällen beruht ihr Nutzen gerade auf dem Fehlen jeglicher chemischen Aktivität: Man kann mit ihrer Hilfe dann eine inerte Atmosphäre aufbauen, wenn die normale Atmosphäre – oder sogar eine Atmosphäre aus reinem Stickstoff – zu reaktiv wäre. Daneben besitzen die Edelgase weitere nützliche physikalische Eigenschaften. Eine davon ist der außergewöhnlich niedrige Siedepunkt von flüssigem Helium; zum Erreichen extrem niedriger Temperaturen ist Helium ein hilfreiches Kühlmittel. Eine andere Eigenschaft wird sichtbar, wenn man elektrische Entladungen durch ein Edelgas schickt: Die Gase erstrahlen in prächtigen Farben. Dieses Phänomen wird gewöhnlich als Neonlicht bezeichnet.

Nur wenige Regionen des Königreiches fanden keine Anwendung und werden weder von der Natur noch industriell genutzt. Bisher haben wir lediglich die wichtigsten Verwendungen und die Erscheinungsformen der Elemente beleuchtet. Eine eingehende Betrachtung verwandelte unseren knappen Reiseführer in eine ausführliche Enzyklopädie der Biochemie, Mineralogie und Verfahrenstechnik. Ebenso, wie es in unserer realen Welt Gebiete gibt, die nicht viel zur weltweiten wirtschaftlichen Entwicklung beigetragen haben, so finden wir auch in unserem Königreich Regionen, in denen es aus den verschiedensten Gründen ruhig zugeht. Jedes Element weist mindestens einen besonderen Charakterzug in seiner Persönlichkeit auf, der es wertvoll macht – für eine ganz spezielle Aufgabe sogar wertvoller als seine Nachbarn. Andere Gründe als die dem Element eigenen Charakterzüge müssen also zu einem solchen Schattendasein führen.

Üblicherweise greift einer von zwei Gründen: Entweder existiert das Element in nur so geringen Mengen auf unserer Erde, daß es eher einem Liebhaberstück gleicht als einem Vorratslager. Dies ist zum Beispiel bei Francium und Astat der Fall, die beide in nur solch submikroskopischen Mengen vorkommen, daß an eine kommerzielle Nutzung gar nicht zu denken ist. Man schätzt, daß auf der gesamten Erdkugel zu keinem Zeitpunkt mehr als 17 Atome von Francium existierten. Die Transurane der erst kürzlich dem Meer abgetrotzten Regionen der Südküste wurden in ähnlich geringen Mengen produziert, und in Anbetracht ihres extrem seltenen Vorkommens ist es unwahrscheinlich, daß sie jemals genutzt werden. Der zweite Grund liegt in der Radioaktivität. Bismut, das tief im Südwesten beheimatet ist, markiert im Königreich die Stabilitätsgrenze; alle folgenden, schwereren Elemente sind radioaktiv. Ein Aufenthalt an dem südlichen Küstenstreifen der Südinsel (bei den Actiniden) und der Südspitze des Festlandes gestaltet sich sehr gefährlich: Wo immer man sich befindet, trifft man auf Radioaktivität. Auch wenn zum Beispiel das Radon häufiger vorkommt, wird wohl kaum jemand bereit sein, die Eigenschaften dieses gefährlich radioaktiven Gases zu untersuchen. Überall entlang der Südküste finden wir die Totenkopfzeichen, und das Interesse der Chemiker beginnt zu schwinden – Neugier weicht der Vorsicht.

3 Physische Geographie

Viele Eigenarten des Königreiches bleiben dem bloßen Augenschein verborgen, wie dies auch für die Oberflächenstruktur einer realen Landschaft gilt. Um mehr über die dem Königreich zugrundeliegenden Gesetzmäßigkeiten zu erfahren, müssen wir daher Messungen vornehmen. Einige dieser Messungen sind einfach und direkt, andere dagegen kompliziert und anspruchsvoll. Das Ergebnis all dieser Messungen sind Zahlenwerte, die wir den einzelnen Regionen zuordnen können. Stellen wir diese Werte graphisch dar, erhalten wir Landkarten unseres Königreiches. Auf dieselbe Weise entstehen auch die Landkarten unserer realen Welt: Die gemessenen Höhen werden in einer Karte farblich dargestellt oder als Relief modelliert, das die Oberflächengestalt in Form ihrer Steigungen und Abhänge widerspiegelt. Sowohl Farben als auch die dreidimensionale Darstellung können außerdem dazu verwendet werden, andere Eigenschaften wie zum Beispiel die Bevölkerungsdichte oder den Säuregehalt des Bodens abzubilden.

In diesem Kapitel werden wir die verborgenen, schemenhaften Strukturen der Landschaft sichtbar machen: Die Änderungen der verschiedensten Eigenschaften stellen wir als Höhendiagramme dar. Immer erhalten wir ein neues, imaginäres Abbild unseres Königreiches – eine Landschaft, die den Chemiker träumen läßt. Für die Darstellung gelten keine besonderen Regeln, außer der, sich an die Wahrheit zu halten; in unserer Vorstellung formt sich die Landschaft mit ihren Höhen und Tiefen entsprechend der Eigenschaft, die wir gerade betrachten. Ein Beispiel für eine solche Phantasiewelt haben wir bereits kennengelernt: das Auf und Ab der Landschaft entsprechend dem Anstieg oder Abfall der chemischen Aktivität. Von der hochgelegenen Ebene der Halogene bricht die Landschaft abrupt ab zu dem flachen Küstenstreifen der Edelgase. Auch zuvor haben wir bereits die Höhendarstellung zu Hilfe genommen, als wir die Unterschiede im physikalischen und chemischen Charakter der Elemente der Nordküste und der südlich anschließenden Hochebene beschrieben. Diese Darstellung war bei weitem nicht quantitativ; es war nur eine schlichte bildhafte Vorstellung. Nun wollen wir dagegen exakte Meßwerte darstellen, die wir durch wohldefinierte physikalische Messungen erhalten haben. Die Erhebungen und Täler unserer Phantasielandschaft basieren jetzt auf einem realen Hintergrund, auch wenn sie nichts mit tatsächlichen Höhen und Tiefen zu tun haben.

Möchten wir den geologischen Aufbau unseres Königreiches erschöpfend untersuchen, müssen wir einen weiteren wichtigen Schritt vorangehen. Bisher haben wir das Königreich meist aus der Luft vermessen und die Regionen sowie die großräumigen Strukturen aus der Ferne betrachtet. Wir haben die Elemente einer phänomenologischen Untersuchung unterworfen, ihr Erscheinungsbild, ihre Form, Farben und physikalischen Zustand studiert. Doch nun müssen wir unsere Exkursion zu Fuß fortsetzen. In jeder Region wollen wir die genauen Bodenstrukturen erkunden, und mit unserem geschärften Blick können wir all das erkennen, was ursprünglich nur durch genaues Beobachten und präzise Messungen zu erschließen war. Wir sind in der Lage, die einzelnen Atome, aus denen die Elemente aufgebaut sind, zu erkennen. Die Art, Form und Struktur der Atome einer Region ermöglichen uns, die Regionen voneinander zu unterscheiden.

Die Atome werden später in unserem Reisebericht noch viel ausführlich beschrieben werden, da sie und ihre Bestandteile die Grundlage für die erschöpfende Erklärung all der Phänomene liefern. Zum momentanen Zeitpunkt wollen wir sie lediglich als grobstrukturiertes Kiesbett darstellen, wobei alle Kieselsteine einer bestimmten Region sich exakt gleichen, sich jedoch von denen jeder anderen Region unterscheiden. In unserem Königreich läßt uns der mikroskopische Aufbau die Funktion und die Eigenschaften der Elemente erkennen. Die Atome unterscheiden sich in ihrer Masse und ihrem Durchmesser, aber auch in verschiedenen anderen Eigenschaften, die eine nähere Untersuchung an den Tag bringen wird.

Als erstes wollen wir eine leicht zugängliche Eigenschaft der Atome betrachten – ihre Masse. Sie liegt ungefähr zwischen 1×10^{-31} und 1×10^{-29} Kilogramm. Es ist jedoch viel bequemer, die Atommassen als relative Werte anzugeben; daher setzen wir die Masse des Wasserstoffatoms gleich 1 und beziehen alle anderen Atommassen auf diesen Wert. Damit erhält ein Kohlenstoffatom, das ungefähr 12 mal schwerer ist als das Wasserstoffatom, die Massenzahl 12, und dem Uranatom, das ungefähr das 238fache des Wasserstoffatoms wiegt, wird die Massenzahl 238 zugeordnet. Die modernen Chemiker haben diese relative Skala verfeinert, doch es zeigte sich, daß die Zahlenwerte – meist als *relative Atommassen* bezeichnet – sehr nahe bei denen liegen, die wir auf recht primitive Art ermittelt haben.

Stellen Sie sich nun in ihrer Phantasie die Landschaft des Königreiches vor, wenn wir als Höhe die relativen Atommassen der Elemente abbilden (Abbildung 3.1). Anschaulich kann man diese Landschaft als schiefe Ebene beschreiben, deren tiefster Punkt am Nordwestzipfel liegt und die bis zu den gefährlich radioaktiven Regionen im fernen Südosten beständig ansteigt. Auch die Südinsel steigt von West nach Ost an, und der südliche Teil der Insel liegt ungleich höher als der nördliche Küstenstreifen. Reist jemand von einem beliebigen Punkt des Festlandes aus gen Osten, wird er bemerken, daß das Land ansteigt. Reist er von einer beliebigen Region aus nach Süden, stellt er ebenso einen – sogar beachtlichen – Anstieg fest. Die niedrigsten Punkte finden wir bei dem im Norden vorgelagerten Wasserstoff, am Nordostkap des Heliums

3.1 Das Königreich in Form der relativen Atommassen. Wir schauen von der nordwestlichen Ecke her auf die Landschaft. Im Hintergrund sehen wir die Südinsel. Wasserstoff, rechts im Vordergrund, erhebt sich kaum über den Meeresspiegel.

und beim Lithium am Nordwestkap. Von hier aus steigt das Land nahezu in jede Richtung an, und ein Reisender wird sich an der Südküste auf einer zweihundertmal größeren Höhe befinden als an der tiefliegenden, meeresumspülten Nordküste. In dieser besonderen Darstellung des Königreiches ragen die neu eroberten Regionen tief im Süden hoch in die Luft und bilden die sich jäh auftürmenden Klippen der radioaktiven Südküste – die Klippen übertreffen in ihrer Höhe sogar die Gipfel der Südinsel.

An einigen Orten im Königreich könnte ein sorglos Reisender ins Straucheln geraten. Ab und zu – zum Beispiel im Östlichen Block zwischen Tellur und Iod sowie auf der Landenge zwischen Nickel und Kupfer – kann ein Unachtsamer ins Leere treten, denn hier fällt das Land wieder leicht ab, anstatt stetig zu steigen. Diese kleinen Störungen in der sonst gleichförmigen Struktur der Landschaft müssen von einem Geologen näher untersucht werden, doch vorläufig wollen wir sie in die Beobachtungen einreihen, die noch einer Erklärung bedürfen. Eins sollte uns jedoch klar sein: Die Tatsache, daß solch kleine Fehler in der Landschaft auftreten, ist ein Warnsignal und weist darauf hin, daß die Atommasse kein grundlegendes Ordnungsmerkmal im Königreich sein kann. Eine wirklich fundamentale Eigenschaft der Atome – eine Eigenschaft, die uns ermöglicht, alle anderen physikalischen und chemischen Eigenheiten der Atome zu erklären, und die somit zur vollständigen Beschreibung des Königreiches dienen kann – muß uns eine fehlerfreie Darstellung liefern. Die Atommassen scheinen offensichtlich eng mit einer wirklich fundamentalen Eigenschaft zusammenzuhängen, sonst würde die Landschaft nicht in weiten Bereichen so regelmäßig ansteigen; doch aufgrund der Unregelmäßigkeiten können sie selbst nicht die gesuchte fundamentale Größe sein. Dessen ungeachtet hilft es einem Erkunder des Königreiches sehr, wenn er weiß, daß die Atome der südöstlichen Regionen schwerer sind als die Atome aus nördlich oder westlich gelegenen Regionen. Er weiß, daß er klettern muß, um nach Süden oder Osten vorzudringen; und er weiß, daß der Weg zum Nordwestkap beständig bergab führt.

Der Durchmesser bietet sich als weiteres Merkmal an, will man die Atome der Regionen charakterisieren. Im Vergleich zu den Massen variiert der Atomdurchmesser nur wenig; ein Atom eines schweren Elements wie Uran besitzt lediglich den zwei- bis dreifachen Durchmesser von Wasserstoff, dem leichtesten Element. Die üblichen Atomdurchmesser liegen bei ungefähr 0,3 Nanometer, wobei ein Nanometer (1 nm) dem Milliardstel eines Meters entspricht, beziehungsweise dem Tausendstel eines Tausendstels eines Millimeters, der ungefähr kleinsten für unser Auge wahrnehmbaren Längeneinheit. Zeichnet man nun eine Landkarte, indem man die Atomdurchmesser in Höhenlinien umsetzt, erscheint die Landschaft viel flacher als bei der Darstellung der Atommassen (Abbildung 3.2). Auch die Landschaftsformen sind viel unregelmäßiger, was uns sofort schließen läßt, daß der Atomdurchmesser auch nicht

3.2 Das Königreich in Form der Durchmesser der Atome. Der Blickwinkel ist derselbe wie bei Abbildung 3.1. Die Atomdurchmesser wurden anhand von Bindungslängen ermittelt; deshalb sind den Edelgasen, die gewöhnlich keine Bindungen eingehen, auch keine Werte zugeordnet.

die gesuchte fundamentale Größe sein kann. Trotzdem ist die Darstellung der Atomdurchmesser hilfreich, und wie wir sehen werden, wird vieles plötzlich verständlich.

Grob betrachtet kann man festhalten, daß die Landschaft der Atomdurchmesser von Norden nach Süden ansteigt und von Westen nach Osten abfällt. Hierbei gibt es jedoch viele Ausnahmen. Auf den ersten Blick erscheint es unlogisch, daß die Atome, deren Masse von Nordwesten nach Südosten hin zunimmt, dabei gleichzeitig kleiner werden. Einem besonders wichtigen Beispiel für dieses auffällige, absonderliche Verhalten begegnen wir, wenn wir die Landenge von West nach Ost überqueren: Zuerst sinkt das Land ab, steigt dann gen Osten wieder an, um wiederum abzufallen, wenn wir uns auf dem Östlichen Block befinden. Irgendwelche geologischen Kräfte müssen hier tief im Innern am Werk sein, die für diese deutliche Absenkung des Bodens auf der Landenge verantwortlich sind – noch eine Beobachtung, die auf eine Erklärung wartet.

Eine weitere Eigentümlichkeit fällt uns ins Auge: Zwar steigt die Landschaft fast ohne Ausnahme an, wenn wir uns von Norden nach Süden bewegen, doch im Südteil des Königreiches ist der Anstieg viel geringer als in der Nähe der Nordküste. Bei genauerem Hinsehen stellen wir sogar fest, daß in der Nähe der Südküste ein leichter Abfall erfolgt: Die Regionen in der Nähe von Platin und Iridium liegen tiefer als die im Norden angrenzenden Bereiche – die Atomdurchmesser verringern sich, obwohl die Atommassen ansteigen. Offensichtlich spiegeln sich in dieser Landschaft der Atomdurchmesser komplexe geologische Verhältnisse wider, die wir zum momentanen Zeitpunkt nicht annähernd verstehen können. Doch diese geologischen Kräfte prägen der Landschaft nachhaltig ihren Stempel auf, und wir können davon ausgehen, daß sie auch die chemischen Eigenschaften der Elemente beeinflussen. Trotz allem sollten wir nicht aus dem Auge verlieren, daß die beobachteten Veränderungen der Atomdurchmesser alles andere als zufällig sind. Die Landschaft verändert sich stetig – weite Täler und langsam fallende Hochplateaus, aber nicht wild durcheinandergewürfelte Schluchten, Zinnen und Gräben. Die geologischen Kräfte formen hier, wie auch an anderer Stelle, ein Muster, nach dem sich die Elemente des Königreiches ausrichten.

Wir wollen nun die Ebene der Atome verlassen und uns auf eine greifbare Alltagserfahrung besinnen: Die Dichte (die Masse pro Volumen) der Elemente ist eine in unserer realen Welt leicht ermittelbare Größe (Abbildung 3.3). Wir wollen dabei unser Augenmerk besonders auf die metallischen Elemente der Westlichen Wüste lenken. Stellen wir uns ein Tuch vor, das über den Westlichen Block und die Landenge gelegt wurde; seine Höhe über dem Boden ist ein Maß für die Dichte. Im großen und ganzen können wir festhalten, daß unser Tuch vom Nordwestkap (dem Lithium) hin zum Blei in der südöstlichen Ecke der Westlichen Wüste immer mehr angehoben wird. Doch der Anstieg ist nicht regelmäßig; besonders auffallend ist die hohe Bergkette, die in Iridium und Osmium gipfelt. Diese beiden Elemente besitzen mit annähernd 22 Gramm pro Kubikzentimeter die höchsten Dichten überhaupt; sogar das Blei – das gemeinhin als das Paradebeispiel für ein dichtes Metall gilt – weist lediglich eine Dichte von 18 Gramm pro Kubikzentimeter auf. Die Dichte von Magnesium, hoch im Norden, beträgt dagegen nur 3 Gramm pro Kubikzentimeter.

3.3 Das Königreich in Form der Dichte der Elemente in ihrem festen Zustand (einschließlich der verfestigten Gase). Beachten Sie die sehr hohen Dichten im Süden in der Umgebung von Iridium und Osmium.

Inzwischen haben wir genügend Wissen über die Geologie des Königreiches angesammelt, um eine erste vorsichtige Interpretation einer greifbaren Größe, eben der Dichte, zu wagen. Wir haben gelernt, daß die Massen von Nordwesten nach Südosten hin zunehmen, wobei ein besonders starker Anstieg im östlichen Teil der

Westlichen Wüste festzustellen ist. Und wir haben erkannt – wenn auch nicht erklärt –, daß sich die Atomdurchmesser nicht besonders stark ändern, insbesondere steigen sie nicht so stark an wie die Massen, wenn wir von Norden nach Süden fortschreiten. Eine große Masse in einem kleinen Volumen entspricht einer hohen Dichte. Daher können wir erwarten, daß die Elemente der Südküste und die direkt anschließenden Elemente des südlichen Inlands sehr hohe Dichten aufweisen, was genau unserer Beobachtung entspricht. Natürlich fehlt uns noch ein tieferes Verständnis für die Unterschiede in den Dichten der Elemente; hierzu müßten wir den Grund für das Verhalten der Durchmesser der Elemente kennen. Trotzdem entspricht unsere Vorgehensweise in ihren Grundzügen typischer wissenschaftlicher Forschung: die richtigen Fragen zu stellen, die uns einer Lösung des Problems näherbringen.

Wir haben uns für diesen ersten Einblick in die Erklärung der Physiographie die Westliche Wüste ausgesucht, weil die dort beheimateten Elemente Festkörper sind, die sich aus kugeligen – Kieselsteinen vergleichbaren – Atomen aufbauen. Die Atome sind bei allen Elementen in sehr ähnlicher Art möglichst dicht aufeinandergestapelt: Bei einigen Elementen finden wir allerdings acht nächste Nachbarn, die ein betrachtetes Atom umgeben, bei anderen Elementen sind es zwölf. Die sich daraus ergebenden Unterschiede bezüglich der Art der Packung sind jedoch sehr gering. Bei den Elementen des Östlichen Blockes hingegen finden wir sehr viel mehr Spielformen in der Atomanordnung; üblicherweise ist die Zahl der nächsten Nachbarn geringer und wir beobachten daher offenere, netzwerkartige Strukturen. Folglich ist es viel schwerer (aber dennoch möglich), die Dichte der Elemente des Östlichen Blockes mit ihren Atomdurchmessern und Atommassen in Bezug zu setzen.

Wir wollen nun unser Königreich nicht mehr länger durch die physiographische Brille betrachten, sondern in einem anderen Licht sehen: Statt der Massen und Maße der „Kiesel“ in den einzelnen Regionen interessiert uns jetzt eine ganz besondere Art von

Umwandlung, die wir bei unseren Kieselsteinen beobachten wollen. Die Chemie ist schließlich die Wissenschaft der Umwandlung von Materie, so daß wir uns folgerichtig diesem Aspekt zuwenden. Zum momentanen Zeitpunkt unserer Reise wollen wir jedoch unsere Aufmerksamkeit auf die primitivste Umwandlung begrenzen, die einem Atom widerfahren kann, und die Ergebnisse in einer Landkarte darstellen. Wiederum werden wir eine gewisse Regelmäßigkeit erkennen, und zu gegebener Zeit werden wir anhand dieser jetzt erkennbaren Muster lernen, daß sich selbst komplexe chemische Umwandlungen aus dem Aufbau unseres Königreiches ableiten lassen. Insbesondere werden wir durch unsere jetzt gewählte Untersuchungsmethode beleuchten, warum gerade der Kohlenstoff mit seiner fruchtbaren Mittelmäßigkeit der Träger allen Lebens ist.

Jeder unserer Vorstöße in das Königreich liefert neue Denkansätze. Bei unserem ersten Ausflug stellten wir fest, daß uns seine Oberflächenstruktur etwas über den Aufbau der Elemente auf atomarer Ebene verrät. Um den Aufbau der Atome selbst verstehen zu können, benötigen wir ein neues Konzept: das der *Ionen*. Ein Ion ist ein Atom, das nach der Aufnahme oder Abgabe von Elektronen elektrisch geladen ist. Elektronen sind negativ geladene Elementarteilchen; im wesentlichen bestimmen sie die chemischen Eigenschaften der Atome. Verliert ein Atom Elektronen, wird es positiv geladen – es besitzt dann eine, zwei oder drei Einheiten positiver Ladung, je nachdem, ob es ein, zwei oder drei Elektronen verloren hat. Positiv geladene Ionen nennt man *Kationen*. Nimmt dagegen die Zahl der Elektronen eines Atom zu, wird es negativ geladen. Ein zusätzliches Elektron liefert ihm eine Einheit negativer Ladung, zwei Elektronen führen zu zwei negativen Ladungseinheiten und so weiter. Negativ geladene Atome werden *Anionen* genannt. Diese Bezeichnungen hat im 19. Jahrhundert Michael Faraday geprägt, als er die Einflüsse des elektrischen Stromes auf Lösungen von Ionen untersuchte. Er beobachtete zwei Sorten von Ionen, die sich bei Anwesenheit von Elektroden in entgegengesetzte Richtungen bewegen – die einen wandern zur positiven Elektrode, die anderen zur negativen. Ion stammt aus dem Griechischen und heißt „das Wandernde". „Kat" ist ebenfalls dem Griechischen entlehnt und bedeutet „abwärts", „An" steht für „aufwärts".

Die Landschaft, die wir nun in unserer Vorstellung aufbauen wollen, spiegelt die Bereitwilligkeit der Atome wider, Ionen zu bilden. Sehr viel in der Chemie hat mit der – zumindest zwischenzeitlichen – Entstehung von Ionen zu tun; daher beschreibt unsere Landschaft recht zutreffend die chemischen Eigenschaften der Elemente. Wir werden feststellen, daß sehr komplizierte und subtile Strukturen das Bild dieser Landschaft prägen, doch all diese Strukturen sind erklärbar und nicht etwa zufällig.

Die Energie, die benötigt wird, um ein positiv geladenes Ion – ein Kation – zu bilden, wird die *Ionisierungsenergie* des Elements genannt. Ionisierungsenergien werden in verschiedenen Einheiten angegeben. Wir werden das Elektronenvolt (eV) wählen, da es für unsere Zwecke die nützlichste Einheit ist – es erleichtert uns die Umsetzung in die Höhen unserer Landschaft, und seine Zahlenwerte liegen nahe 1. Ein Elektronenvolt entspricht der Energie, die man benötigt, um ein Elektron durch eine Potentialdifferenz von einem Volt (1 V) zu ziehen. Bewegt sich ein Elektron in einer typischen 1,5 V-Batterie, wie wir sie von Kassettenrekordern oder Transistorradios her kennen, von einer Elektrode zur anderen, setzt es dabei eine Energie von 1,5 eV frei; in einer 12 V-Autobatterie entspricht die Energie 12 eV. Die Ionisierungsenergie eines Wasserstoffatoms liegt bei 13,6 eV. Um uns diesen Energiebetrag vor Augen zu führen, können wir uns ein Atom vorstellen, das im Innern ein elektrisches Potential von 13,6 V aufweist. Weit weg von dem Atom dagegen – dort, wo sich das abgelöste Elektron hinbewegt – besitzt das Potential den Wert von 0 Volt. Die Ionisierungsenergie des Wasserstoffatoms entspricht einem mittleren Wert; typische Werte für Ionisierungsenergien reichen von 4 eV (einer Differenz von 4 Volt) bis 15 eV (einer Differenz von 15 Volt). Die Energie, die wir aufwenden müssen, um ein zweites

Elektron zu entfernen, ist immer höher als die für die Entfernung eines ersten Elektrons aus einem neutralen Atom. Die zur Entfernung eines dritten Elektrons benötigte Energie ist entsprechend noch größer. Um den Sachverhalt nicht zu komplizieren, werden wir hier nur die *erste Ionisierungsenergie* betrachten – also die Energie, die aufzuwenden ist, um das erste Elektron aus einem neutralen, ungeladenen Atom zu entfernen.

Die Höhen der mit Hilfe der Ionisierungsenergien modellierten Landschaft schwanken zwischen 4 eV (bei Cäsium) bis 25 eV (bei Helium). Ein typischer Trend fällt ins Auge, doch auch einige Wellen, Dellen und Ausreißer sind festzustellen (Abbildung 3.4). Generell können wir sagen, daß die Ionisierungsenergie von West nach Ost zunimmt und von Nord nach Süd abnimmt. So fällt zum Beispiel an der Westküste, bei den Alkalimetallen, die Ionisie-

3.4 Das Königreich in Form der ersten Ionisierungsenergien der Elemente. Unser Standpunkt liegt im Südwesten. Die in der Ferne erkennbaren drei hohen Gipfel sind Fluor, Neon und Helium.

rungsenergie von 5,4 eV für Lithium auf einen Wert von 3,9 eV für Cäsium ab. Dieser Verlauf entspricht unserer Beobachtung, daß bei Regen an der Küste der Boden bei Lithium nur leise blubbert, im Süden – bei Cäsium – dagegen ein Inferno ausbricht. Wie heftig die Reaktion mit Wasser verläuft, ist offensichtlich bestimmt durch die Bereitwilligkeit, mit der die Atome ein Elektron abgeben. Der Trend bei den Ionisierungsenergien läßt sich auch mit dem Atomdurchmesser korrelieren: Je größer die Atome werden, umso leichter können sie ein Elektron abgeben. Die Trends und Strukturen unseres Königreiches stehen nicht länger wie unstimmige Melodien nebeneinander, sondern klingen allmählich in einer Harmonie zusammen.

Auch wenn die Ionisierungsenergien von West nach Ost nicht immer gleichförmig ansteigen, liegen die Regionen des Östlichen Blockes signifikant höher als die des Westlichen Blockes. Die größten Unregelmäßigkeiten beobachten wir auf der Landenge; und wie wir noch sehen werden, spiegelt sich dieser komplexe Verlauf der Ionisierungsenergien in der Vielzahl der chemischen Reaktionen wider, zu denen die Übergangselemente fähig sind. Doch auch auf der Landenge zwischen Östlichem und Westlichem Block folgen die Ionisierungsenergien dem generellen Trend.

Daß die Westliche Wüste durchschnittlich nur geringe Höhen aufweist, sollte uns nicht weiter überraschen. Bekanntermaßen zeichnen sich Metalle durch die Eigenschaft aus, den elektrischen Strom – einen Strom von Elektronen durch einen Festkörper – sehr gut zu leiten. Damit dies möglich ist, müssen zumindest einige der Elektronen frei beweglich sein. Man kann sich vorstellen, daß die im Festkörper dicht an dicht gepackten Atome einige Elektronen an einen gemeinsamen Pool abgeben, der wie ein Meer die zurückbleibenden Kationen umspült. Wir sollten uns die Kieselsteine in der Region der Metalle nicht als Atome sondern als Kationen vorstellen, die in einem Meer von Elektronen baden und durch diese zusammengehalten werden. Diese Elektronen reagieren auf ein äußeres elektrisches Feld. Wird dieses Feld von einer Quelle mit konstanter Potentialdifferenz (umgangssprachlich sagt man Spannung) erzeugt – zum Beispiel, indem wir das Metall mit den Elektroden einer Batterie verbinden –, beginnen die Elektronen zu fließen, und man mißt einen elektrischen Strom. Wird das elektrische Feld von einem einfallenden Lichtstrahl erzeugt – elektromagnetische Strahlung wie das Licht besteht aus schwingenden Wellen elektrischer und magnetischer Felder –, beginnen die Elektronen im Gleichklang mit dem einfallenden Licht zu schwingen, was die Aussendung eines neuen Lichtstrahles zur Folge hat. Das erklärt die im Licht glänzende Oberfläche der Metalle. Ist die Oberfläche glattpoliert, entspricht der ausgesandte Lichtstrahl genau dem einfallenden – wir sehen ein Spiegelbild. Unser eigenes Bild, das wir in einer spiegelnden Metallfläche beobachten, ist ein Abbild der Wellenkämme des Elektronenmeeres, die wiederum durch die von uns reflektierten Lichtstrahlen entstanden sind.

Typische Metalle benötigen also, in gewissem Sinn, locker gebundene Elektronen. Entsprechend dem beobachteten Anstieg der Ionisierungsenergien von West nach Ost gehen am Rand der Westlichen Wüste, im Östlichen Block, die Metalle in die Nichtmetalle über. Hier sind nun die Ionisierungenergien so hoch, daß eine Abgabe von Elektronen nur noch schwer möglich ist. Die Ionisierungsenergien steigen von West nach Ost unter anderem deshalb an, weil die Atomdurchmesser abnehmen; es wird zunehmend schwieriger, den immer kompakter werdenden Atomen im Osten des Königreiches Elektronen zu rauben. Wiederum treffen wir auf eine Korrelation mit den Atomdurchmessern. Wir müssen ein weiteres Mal feststellen, daß der Schlüssel zum Verständnis der Ionisierungsenergien in den Gesetzen liegt, die das Muster der Atomdurchmesser bestimmen.

Weit im Osten Kationen zu finden, ist eher unwahrscheinlich, denn die hohen Ionisierungsenergien der Atome gestalten die Abgabe eines Elektrons äußerst schwierig. Doch vielleicht können wir stattdessen auf Anionen (negativ geladene, elektronenreiche Ionen) stoßen? Die Bildung von Anionen ist ein etwas komplizierterer Vorgang als die Bildung von Kationen; messen wir jedoch die Energieänderung bei der Anlagerung eines Elektrons an ein Atom, so erhalten wir eine Aussage, wie leicht dieser Prozeß abläuft. Diese Energieänderung wird *Elektronenaffinität* eines Elements genannt, und eine zweckmäßige Einheit ist wiederum das Elektronenvolt. Ein Atom mit einer positiven Elektronenaffinität setzt Energie frei, wenn es ein zusätzliches Elektron erhält; einem Atom mit negativer Elektronenaffinität muß man dagegen Energie zuführen, um seinen Widerstand gegen die Aufnahme eines weiteren Elektrons zu brechen. Einige Elemente, zum Beispiel die Halogene, weisen positive Elektronenaffinitäten auf; andere, wie Magnesium und Helium, zeigen negative Elektronenaffinitäten. Alle Elemente besitzen jedoch negative Elektronenaffinitäten, wenn man versucht, ein zweites oder drittes Elektron zuzufügen. In diesen Fällen muß man nämlich ein negativ geladenes Elektron mit einem ebenfalls negativ geladenen Anion zusammenbringen; das erfordert Energieaufwand, denn die beiden negativen Ladungen stoßen sich gegenseitig ab. Ebenso wie bei unserer Betrachtung der Ionisierungsenergie wollen wir auch jetzt nur die erste Elektronenaffinität eines Elements betrachten – also die Energieänderung, die mit der Anlagerung eines Elektrons an ein neutrales Atom verbunden ist.

Die Darstellung der Elektronenaffinitäten bietet uns eine viel unregelmäßigere Landschaft als die anderen bisher betrachteten Größen. In den Bereichen mit negativer Elektronenaffinität fällt die Oberfläche auf Höhen unterhalb des Meeresspiegels ab, wogegen in Bereichen positiver Elektronenaffinität – also dort, wo bei der Bildung von Anionen Energie frei wird – sich steile Felswände erheben. Doch auch hier läßt sich ein Trend erkennen: Selbst wenn die Abgründe und Klippen zufällig verteilt zu sein scheinen, finden wir an der Westküste sehr viele Klüfte und Schluchten, während die Berggipfel im Nordosten, beim Fluor, liegen. Die Edelgase in der östlichen Küstenebene, mit Himalaya-hohen Ionisierungsenergien, besitzen negative Elektronenaffinitäten (zumindest in der nördlichen Region). Daher ragt der Gebirgszug, der die Halogene markiert, besonders schroff empor. Besonders im Gedächtnis behalten sollten wir den Gebirgszug im Nordosten, dessen höchste Gipfel die Elemente Stickstoff, Sauerstoff, Fluor und Chlor bilden. Diese vier Elemente lechzen am gierigsten nach Elektronen, und daher ist die Bildung von Anionen in diesem Teil des Königreiches am wahrscheinlichsten.

Auch bei Betrachtung dieser Landschaft können wir eine gewisse Korrelation mit dem Atomdurchmesser feststellen: Hohe Elektronenaffinitäten finden wir – zumindest im allgemeinen – bei kleinen, kompakten Atomen, die im Nordosten des Königreiches beheimatet sind. Um aber den Vorgang der Anionenbildung – und anderer Aspekte, die mit der Bindung von Elektronen an Atome einhergehen – letztlich zu verstehen, müssen wir eine Erklärung für diese Korrelation mit der Größe der Atome finden. Aber auch der Grund für die verschiedenen Werte der Elektronenaffinität sollte uns bekannt sein.

Dieser Überblick über die verschiedenen Landschaftsformen und die physische Geographie der einzelnen Regionen hat uns verdeutlicht, daß zwischen der Lage einer Region im Königreich und ihren Eigenschaften bestimmte Zusammenhänge bestehen – unser Königreich ist kein Flickenteppich zufällig angeordneter autonomer Regionen, sondern es gehorcht tief verwurzelten Gesetzen und Regeln, die sich an der Oberfläche in Form der Element-Eigenschaften bemerkbar machen. Es mag jetzt wieder hilfreich sein, unseren Blick von hoch oben auf das Königreich zu richten, um die aus den verschiedenen Blickwinkeln gewonnenen Erkenntnisse zusammenzufassen. Die Landschaft, die wir aus der Darstellung der Atommassen erhalten, steigt am gleichförmigsten – bis auf eine einzige, kleine Ausnahme – von Nordwesten nach Südosten hin an. Betrachten wir als nächstes den Atomdurchmesser der Elemente, so stellen wir fest, daß er grundsätzlich nach Süden hin zunimmt und sich von West nach Ost verringert. Die Atomdurchmesser unterscheiden sich untereinander weniger als die

Atommassen, doch das Muster ist deutlich komplizierter: Den gleichförmigen, allgemeinen Trends sind mancherorts Abgründe, Gruben und Wälle überlagert. Weiterhin ist von Bedeutung, daß die Elemente der Südküste sowie ihre direkten Nachbarn im Inland geringere Durchmesser aufweisen, als der allgemein von Nord nach Süd vorherrschende Trend vermuten ließe. Die Dichten der Elemente der Westlichen Wüste nehmen von Nordwest nach Südost hin zu, und die größten Dichten finden wir in Regionen, in denen die Atomdurchmesser ungewöhnlich klein sind – bei den Elementen der Südküste also und ihren direkten nördlichen Nachbarn. Schließlich können wir feststellen, daß die Ionisierungsenergien und Elektronenaffinitäten mehr oder weniger die verschiedenen Atomdurchmesser widerspiegeln. Für Metalle ist die Ionisierungsenergie allgemein gering, mit einem Minimum bei Cäsium tief im Südwesten. Sie ist am höchsten für die Elemente in der Nähe der nordwestlichen Ecke; von diesen Elementen ist also nicht zu erwarten, daß sie bereitwillig Kationen bilden. Die Elektronenaffinitäten verändern sich im Vergleich zur Ionisierungsenergie auf viel kompliziertere Art, wobei hohe Werte sehr dicht neben niedrigen oder sogar negativen Werten liegen. Grundsätzlich kann man jedoch festhalten, daß die höchsten Werte im Nordosten zu finden sind und daß diese Elemente daher keine Kationen, sondern Anionen bilden werden.

Teil II: Geschichte

4 Die Geschichte der Entdeckung

Viele Chemiker, Physiker und Handwerker haben zur Entdeckung der einzelnen Regionen des Königreiches beigetragen. Einige stolperten völlig unerwartet über ein neues Element, andere planten ihre Kundfahrten präzise in der Erwartung, ein Element zu entdecken, dessen Existenz sie bereits vermuteten. Einige dieser Kundfahrten endeten mit der Gewinnung von Neuland, denn an der Südküste des Festlandes kann man durchaus erwarten, auf diese Art das Reich weiter zu vergrößern.

Viele Elemente wurden bereits in grauer Vorzeit entdeckt, und die Spuren verlieren sich in der Frühgeschichte. Welchem Genie gelang es erstmals, Kupfer zu gewinnen und so den Weg für die weitere zivilisatorische Entwicklung zu bahnen? Wer entdeckte das Eisen, das diese Entwicklung unterstützte und kraftvoll vorantrieb? Niemand weiß es. Die Namen der großen Forscher und Erfinder der Chemie sind erst vom 17. Jahrhundert an überliefert; die früheren Entdecker – gleich denen, die als erste das Land der antiken Reiche betraten – sind uns unbekannt. Sogar die Namensgebung mancher Regionen bleibt im Dunkel der Geschichte verborgen und läßt Raum für vage Vermutungen. In jüngerer Zeit lag das Recht zur Benennung der Regionen in der Hand ihrer Entdekker (dieses Recht wird inzwischen von Komitees beansprucht), und seither ist besser dokumentiert, wo der Name eines neuen Elements herstammt. Ab und zu streitet man noch, da manchmal nicht eindeutig zu klären ist, wer die älteren Rechte auf bestimmte

Teile der Südküste beanspruchen kann, und die Kommitees sind immer noch damit beschäftigt, diese Konflikte zu entschärfen.

Generell kann man feststellen, daß die Entdeckung neuer Elemente von der Entwicklung neuer Technologien abhing, und daß diese neu entdeckten Elemente ihrerseits den Anstoß zur Entwicklung noch modernerer Technologien gaben – Eisen ermöglichte zum Beispiel erst die Entdeckung von Titan. Die erste dieser Technologien war das Feuer. Mit seiner Hilfe konnte man Verbindungen in ihre Bestandteile auftrennen, wobei diese Vorgänge unbegreiflich blieben und nahezu an Magie grenzten. Größere Mengen an Eisen konnte man nur dadurch gewinnen, daß man bestimmte Gesteine im Feuer erhitzte. Das Feuer selbst – wohl gehütet, so daß es nur kokelte – lieferte ein weiteres Element, den Kohlenstoff (als Holzkohle); Handwerker fanden heraus, daß man die Holzkohle in kräftigen Feuern mit anderen Erzen reagieren lassen und auf diese Weise neue Metalle freisetzen konnte. Zinn, Blei und andere Regionen auf der Landenge in der Nähe des Eisens wurden auf diese Weise entdeckt, und die Verfügbarkeit dieser Metalle ermöglichte wiederum weitere Entdeckungen.

Die meisten Entdeckungen im Königreich waren nicht etwa glücklichen Zufällen zu verdanken; nur selten stolperten Forscher unbeabsichtigt in neue Regionen, vergleichbar einem Goldsucher, der Unbekanntes in seiner Pfanne entdeckt, oder einem Steinzeitmenschen, der einen schimmernden Stein oder einen stahlhaltigen Meteoriten findet. Meist waren die Entdeckungen der Lohn harter Arbeit. Neue Technologien wurden genutzt, um die Grenzen des Wissens zu erweitern – so wurden mit ihrer Hilfe neue Elemente gewonnen, die zuvor nur in ihren Verbindungen bekannt waren. Früher war es schwierig, eine neue Substanz als Element zu klassifizieren; Irrtümer waren nicht ausgeschlossen. Moderne Techniken machen diese Entscheidung zweifelsfrei. Heute können wir eine fragliche Probe atomisieren, das Atomgewicht bestimmen und überprüfen, ob alle Atome identisch sind – ob die Probe also ein reines Element darstellt oder nicht. In früheren Zeiten konnte man nur aus den vorhandenen qualitativen Beschreibungen auf das Vorliegen eines Elements schließen; die Tatsache, daß große Teile des Königreiches auf diese Weise erschlossen wurden, beleuchtet auf eindrucksvolle Weise die Fähigkeiten des menschlichen Geistes.

Nur wenige Elemente – am häufigsten Gold, Kupfer und Schwefel – werden in ihrer reinen, gediegenen Form gefunden. Auch unter den Gasen unserer Atmosphäre finden wir reine Elemente. Die Interpretation der unsichtbaren Lufthülle als Mischung gasförmiger Elemente (und Verbindungen) stellt eine intellektuelle Glanzleistung dar; diese Erkenntnis erwarb man erst ziemlich spät in der Geschichte des Königsreiches. Das einfachste der Elemente, der Wasserstoff, ist in elementarer Form so gut wie gar nicht auf unserer Erde zu finden – seltene Ausnahmen sind die tief in der Erde in Gesteinen eingeschlossenen Gasbläschen, die reinen Wasserstoff enthalten können. Trotzdem ist der Wasserstoff das häufigste Element des Universums, und quasi alle anderen Elemente – außer dem ebenfalls häufigen, aber inerten Helium – können als geringe (wenn auch entscheidende) Verunreinigungen dieser universalen Bausubstanz betrachtet werden. Die Allgegenwart des Wasserstoffes im Kosmos wurde erst im frühen 20. Jahrhundert entdeckt. Damals entwickelten Astronomen – entgegen philosophischer Vorhersagen – Methoden (verschiedene Arten der Spektroskopie, bei der charakteristische Eigenschaften der von Substanzen absorbierten oder emittierten Strahlung beobachtet werden), mit deren Hilfe sie die Zusammensetzung von Gestirnen bestimmen konnten.*

* Der Philosoph Auguste Comte, einer der Begründer des Positivismus, behauptete 1835 in bezug auf die Sonne und andere Himmelskörper, daß »...wir wissen, wie ihre Formen, Größen, Entfernungen und Bewegungen zu bestimmen sind, dagegen nie und nimmer in der Lage sein werden, ihre chemische Zusammensetzung, ihre mineralogische Struktur und noch weniger die Natur der Lebewesen auf ihrer Oberfläche zu ergründen.« Soviel zur Zuverlässigkeit philosophischer Spekulationen.

Der Sauerstoff wurde 1774 entdeckt – dank eines in der Ferne lodernden nuklearen Brandes, der Sonne. Joseph Priestley, ein englischer Chemiker und nonkonformistischer Geistlicher des 18. Jahrhunderts, fokussierte mit Hilfe einer Linse die Hitze der Sonne auf ein Glasfläschchen mit Quecksilberoxid und erzeugte so Bläschen eines lebensspendenden Gases. Am besten betrachtet man Priestley als den *letzten* Entdecker des Sauerstoffes, denn andere vor ihm hatten bereits über die Herstellung berichtet, ihn jedoch nicht als Element erkannt. Der schwedische Chemiker Karl Scheele entdeckte den Sauerstoff tatsächlich zwei Jahre vor Priestley, da er jedoch mit der Veröffentlichung zu lange zögerte, verspielte er den Ruhm, der ihm gebührt. Wie auch bei der Entdeckung neuer Länder wird immer derjenige in den Geschichtsbüchern genannt, dem diese „Entdeckung" als letztem gelang. Wasserstoff wurde, bereits lange bevor er als Element erkannt war, von dem exzentrischen, frauenfeindlichen Einsiedler und Chemiker Henry Cavendish (aus dessen Nachlaß das *Cavendish Laboratory* in Cambridge errichtet wurde) dargestellt. Nachdem Wasserstoff und Sauerstoff bekannt waren, lag der Schluß (den Cavendish 1781 zog) nahe, daß Wasser kein Element ist – es bildet sich, wenn beide Gase zusammen entzündet werden.

Zu Anfang des 19. Jahrhunderts gelang einer ganz speziellen Technologie der Durchbruch, die auch heute noch vielfältig kommerziell genutzt wird: Bei der *Elektrolyse* zerlegt man Substanzen mit Hilfe des elektrischen Stromes. Nachdem Voltazellen und andere Stromquellen, die mit Hilfe chemischer Reaktionen einen konstanten Strom lieferten, zur Verfügung standen, lag es nahe, die Möglichkeiten dieses neuen Phänomens der Elektrizität auszuloten. Elektrische Schläge waren bekannt – warum sollte die Elektrizität nicht auch in der Lage sein, Substanzen zu „zerschlagen"? Im Jahre 1807, an der neu gegründeten *Royal Institution of Great Britain* in London (das erste nach Vorgaben von Wissenschaftlern gebaute Laboratorium in der Welt), schickte Humphrey Davy einen elektrischen Strom durch geschmolzene kaustifizierte Potasche (Ätzkali, heute als Kaliumhydroxid bekannt) und erhielt Perlen eines silbrigen, reaktiven Metalls, das er *potassium* (Kalium) taufte. Wie wir wissen, ist dieses Metall an der Westküste des Königreiches beheimatet. Innerhalb weniger Tage hatte Davy die geistreiche Idee, dieselbe Technik auf eine ähnliche Substanz, nämlich kaustifizierte Soda (Ätznatron, heute Natriumhydroxid), anzuwenden, und er erhielt den nördlichen Nachbarn des Kalium, den er *sodium* (Natrium) nannte. In diesen vergangenen Zeiten schien Bescheidenheit noch eine Tugend zu sein: Nach der heutigen Mode hätte er sie vielleicht „Royalinstitutium“ und „Londonium“ genannt, wenn nicht sogar „Humphryium“ und „Davyium“.

Bald darauf wurden alle möglichen Substanzen einer Elektrolyse unterworfen. Magnesium wurde 1808 von Davy aus seinen Verbindungen hervorgelockt, ebenfalls 1808 folgte das Calcium (auch von Davy) und im selben Jahr noch das Strontium (ebenfalls Davy). Nachdem diese wichtige Technik zur Verfügung stand, erlebte das Königreich eine Flut von Neuentdeckungen – noch nie seit seiner Geschichte wurden so viele Regionen erschlossen. Das Königreich wuchs dank einer Vielzahl schöpferischer Hände, die in ganz Europa tätig waren. Die Entdecker eroberten das Vorgebirge der Halogene, erinnerten sich an das Chlor (von Scheele bereits 1774 entdeckt, aber als Element erkannt und benannt von – von wem wohl? – Davy im Jahre 1810) und das Brom (ausnahmsweise nicht von Davy entdeckt, sondern von Antoine-Jérome Balard im Jahre 1826). In den sechziger Jahren des 19. Jahrhunderts waren ungefähr 60 Regionen des Königreiches bekannt. Fluor – betrachtet man die Reaktivität, entspricht es dem höchsten Gipfel aller Gebirge – blieb bis Ende des 19. Jahrhunderts unentdeckt, doch auch dieser Mount Everest beugte sich letztlich der Elektrolyse, und die Landkarte des Königreiches konnte von Henri Moissan im Jahre 1886 um diese Region ergänzt werden.

Ein Blick auf die Landkarte des Königreiches läßt rasch erkennen, wo noch Regionen auf ihre Entdeckung warten könnten. So wurde den Entdeckern der Weg gewiesen. Mehr noch – da im

Königreich die Regionen nicht zufällig durcheinandergewürfelt sind, sondern eine Region mit ihren Nachbarn durch verwandtschaftliche Bande verknüpft ist, kann man die charakteristischen Eigenschaften (meist zwar nur recht grob, in Details aber auch exakt) einer bisher unentdeckten Region aus den Eigenschaften ihrer Nachbarregionen vorhersagen. Der russische Chemiker Dmitrij Mendelejew – eine der ganz großen Persönlichkeiten in der Geschichte des Königreiches – skizzierte 1869 die Landkarte in der noch heute gültigen Form und war ein Meister in der Vorhersage unbekannter Elemente. So bemerkte er eine bis dato unerforschte Region in der Nähe des Siliciums, die er Eka-Silicium (Eka kommt aus dem Sanskrit und bezeichnet die Ziffer 1) nannte. Ihre Eigenschaften sagte er auf der Basis dessen vorher, was er über Silicium wußte und was ihn die Lage der Region vermuten ließ. Als diese Region (Germanium) schließlich 1886 von dem deutschen Chemiker Clemens Winkler entdeckt wurde, zeigte sich, daß die Vorhersagen von Medelejew im wesentlichen korrekt waren. Ebenso verhielt es sich mit Eka-Bor (Scandium, das erst 1936 in reiner Form isoliert werden konnte, obwohl seine Existenz seit 1876 bekannt war) und Eka-Aluminium (Gallium, isoliert 1875). Marie Curie, die unerschrocken die gefährliche Südküste des Königreiches erforschte, gelang es gemeinsam mit ihrem Mann, Pierre, aus Tonnen von Pechblende (einem Uranerz) das Element Radium zu isolieren, nachdem sie seine Eigenschaften grob auf der Basis seines nördlichen Nachbarn, des Bariums, vorhergesagen konnte.

So erfreulich diese andauernden Fortschritte bei der Entdeckung neuer Regionen auch sein mochten, es mußten auch Rückschläge hingenommen werden. Eine spektakuläre Pleite erlebten die Forscher im Östlichen Block. Wie wir wissen, bilden die hochreaktiven Alkalielemente an der Westküste eine Steilküste, die sich jäh aus dem Meer erhebt und dann zu dem etwas niedrigeren Gebirgszug der Erdalkalimetalle abfällt. Diese Gebirgszüge im Westen finden ihre Entsprechung an der östlichen Flanke des Östlichen

Blockes – hier finden wir die reaktiven Regionen des Sauerstoffes und des Schwefels und dahinter den hohen Gebirgszug der Halogene, der – wie man vermutete – direkt ins Meer abfällt. Diese vermeintliche Symmetrie des Königreiches stellte sich jedoch als Irrtum heraus, denn am Fuße der Halogene liegen in der Küstenebene noch die früher „seltenen", später „inerten", heute „edlen" Gase.

Diese Küstenebene sorgte nun für Überraschungen. 1894 bemerkten sowohl der Chemiker William Ramsay als auch der Physiker Lord Rayleigh, daß sich die Dichten von Stickstoff, der durch Zersetzung stickstoffhaltiger Verbindungen gewonnen wurde, und Luftstickstoff (also demselben Gas, nur aus der Atmosphäre gewonnen) zu unterscheiden schienen. (Hier sollte angemerkt werden, daß dieses Phänomen nicht völlig neu war; bereits 1785 hatte Henry Cavendish vermutet, daß dem aus der Atmosphäre gewonnenen Stickstoff ein weiteres Gas beigemengt sein könnte, doch seine Idee geriet in Vegessenheit.) Rayleigh nahm an, der Dichteunterschied sei auf eine unbekannte leichtere Substanz zurückzuführen, die im Stickstoff aus den zersetzten Verbindungen enthalten ist. Ramsay vertrat eine gegenteilige Ansicht: Er mutmaßte, daß der aus der Atmosphäre gewonnene Stickstoff mit einem schwereren Gas verunreinigt ist. Bei seinen weiteren Untersuchungen isolierte er aus dem atmosphärischen „Stickstoff" kleine Mengen eines Gases, das viel weniger reaktiv als der Stickstoff war. So entdeckte er die erste Region der tiefliegenden Küstenebene, das Argon. (Der Name geht zurück auf das griechische Wort *argos*, das „träge" bedeutet.) Wie wir bereits festgestellt haben, kommt Argon beileibe nicht selten vor; in der Atmosphäre ist es sogar häufiger als Kohlendioxid enthalten. Argon blieb solange unbekannt, weil niemand seine Existenz vermutete – die Landkarte des Königreiches gab keinen Hinweis auf das Vorhandensein der Edelgase. Wenn wir jedoch die dem Königreich zugrundeliegenden Strukturen betrachten – also seine grundlegenden Ordnungsprinzipien –, so erkennen wir, daß die Existenz von Argon hätte vorhergesehen werden können: Für die Regelmäßigkeit dieser „geologischen" Strukturen ist es unabdingbar. 1894 aber waren diese Strukturen noch unbekannt, und der Küstenstreifen der Edelgase war eine „Vergessene Welt". Nebenbei sei angemerkt, daß diese geologischen Verhältnisse die Existenz einer entsprechenden, tiefliegenden „Vergessenen Welt" an der Westküste verbieten – junge Forscher seien somit gewarnt, auf ihre Suche Zeit zu vergeuden, und erfahrenere Wissenschaftler sollten alle Spekulationen unterlassen, die sich mit diesem Gedanken beschäftigen. Zwar existiert wahrscheinlich ein Atlantis vor der Küste, aber wir werden es sicherlich nicht im Westen finden; die weitere Lektüre wird bald Klarheit bringen.

Mit der Entdeckung des Argons wurde die Existenz weiterer Regionen im Bereich der Ostküste offenkundig; schon bald wurden Neon, Krypton und Xenon isoliert, alle von William Ramsay im Jahre 1898. Helium, die einsame Landzunge dieses Küstenbereiches hoch im Norden, war damals bereits entdeckt – nicht auf der Erde, aber auf der Sonne (daher sein Name). Um die Entdeckung des Heliums rankt sich eine besondere Geschichte: Zwar ist Helium zu 25 Prozent am Aufbau des Universums beteiligt, wurde aber erst 1868 anläßlich einer Sonnenfinsternis spektroskopisch beobachtet. Bis 1895 gelang es nicht sicher, dieses so reichlich vorhandene Gas im Labor zu isolieren. In diesem Jahr folgte Ramsay einem Bericht über ein ungewöhnliches Gas, das beim Erhitzen von Uranerzen entsteht, und stellte das Helium rein dar. Es ist eine bemerkenswerte Tatsache, daß ein Gas zuerst in den heißesten Zonen unserer Milchstraße entdeckt wird und schließlich technologisch dazu dient, die tiefsten nur denkbaren Temperaturen zu erzeugen. Flüssiges Helium, das sich beim starken Abkühlen des Gases bildet, ist für die Kryogenik*

* Anmerkung des Übersetzers: Wissenschaft von den Erscheinungen bei sehr tiefen Temperaturen.

und die Kryotechnologie ein unverzichtbares Hilfsmittel, und bis vor kurzem konnte man nur auf diesem Wege Supraleitfähigkeit erreichen.

Um die Jahrhundertwende harrte nur noch eine Region der Ostküste ihrer Entdeckung. Wiederum war es William Ramsey, der den Weg dorthin bahnte, als er 1908 das radioaktive Gas Radon isolierte. Natürlich arbeitete Ramsay nicht allein an diesem Problem; unabhängig von ihm wurden Berichte über diese Entdekkung veröffentlicht, die jedoch angezweifelt wurden, und Ramsay selbst arbeitete im Team mit anderen Chemikern. Trotzdem ist kein anderer Landstrich des Königreiches so eng mit nur einem Namen verknüpft wie die Regionen der Edelgase.

Eine weitere Welle von Neuentdeckungen im Königreich war Mitte des zwanzigsten Jahrhunderts zu beobachten – unter dem Druck des Weltkrieges. Das Manhattan-Projekt der vierziger Jahre zielte auf den Bau einer Atombombe ab; es entwickelte sich dabei zu einer groß angelegten Neulanderschließung, die das Königreich um neue Elemente an der Südküste bereicherte. Als erstes wurde durch die Entdeckung der Actiniden-Metalle der südliche Küstenstreifen der Südinsel vollständig erschlossen. Zu Beginn des Manhattan-Projektes war die letzte bekannte Region auf der Südinsel die des Urans. Dieses Element vermag neue Elemente zu zeugen, wenn es in geeigneter Anordnung in die sinnträchtig bezeichneten „Atommeiler“ – heute als Kernreaktoren bekannt – eingebracht wird. Uran gebar Neptunium und Plutonium, und die Südküste der Insel erweiterte sich gen Osten. Untersuchungen im nördlichen Bereich der Südinsel – den Lanthaniden – profitierten von dieser Erweiterung der Südküste. Um die sich stark ähnelnden Actiniden voneinander zu isolieren, mußten spezielle Techniken entwickelt beziehungsweise verfeinert werden. Diese Techniken – insbesondere die *Chromatographie*, bei der Spezies anhand ihrer unterschiedlichen Wanderungsgeschwindigkeit durch ein für sie „klebriges“ Medium getrennt werden – erleichterten auch erheblich die Trennung und Isolierung der Lanthaniden.

In noch jüngerer Zeit wurde weiteres Neuland durch Synthesen erschlossen – gemeint ist damit die Herstellung neuer Elemente aus einfacheren Komponenten. Die schweren Übergangselemente an der Südküste des Festlandes – Rutherfordium, Dubnium, Seaborgium, Bohrium, Hassium und Meitnerium – wurden in Apparaten gewonnen, die ebenfalls im Rahmen des Manhattan-Projekts entwickelt wurden: in Zyklotronen, Synchrotonen und Linearbeschleunigern. Einige wenige der flüchtigen Atome dieser absolut nutzlosen Elemente zu erzeugen, bedeutet, eine vollständig neue Küste des Königreiches zu erschließen und dabei vielleicht Materieformen zu erschaffen, die nirgendwo sonst im Sonnensystem existieren. Um neue Atome zu erzeugen, schleudert man Atom gegen Atom. Bei einer erfolgreichen Kollision verschmelzen sie miteinander und bilden für einen kaum meßbaren Sekundenbruchteil ein Atom eines neuen Elements. In der Nähe dieses südlichen Randbereichs des Königreiches könnte ein bisher unentdecktes Atlantis verborgen liegen. Der aktuellen wissenschaftlichen Auffassung folgend könnte, trotz der extremen Unbeständigkeit der Regionen der Südküste, weiter draußen im Ozean der Instabilität eine Insel der Stabilität auftauchen. Diese dort vielleicht existierenden, bisher völlig unbekannten, Elemente könnten beständiger sein als jene, um deren Herstellung wir uns zur Zeit bemühen. Man kann jedoch mit großer Wahrscheinlichkeit annehmen, daß diese Insel – wenn entdeckt – nicht nur aufgrund der Radioaktivität unbewohnbar sein wird, sondern auch zum Großteil aus nicht nutzbaren Elementen bestehen wird; die Lebensdauer der Regionen wird so gering sein, daß die Atome dieser neuen Elemente höchstens wenige Monate Bestand haben werden. Doch die Hoffnung, auf Neuland zu treffen, mag einem nuklearen Kolumbus genügen, die Segel zu setzen und in See zu stechen. Das Wissen über die Existenz allein wäre von unschätzbarem Wert.

5 Die Namensgebung der Regionen

Als sich die Erkundung des Königreiches zu einer wissenschaftlichen Disziplin entwickelte, wurde die Benennung der Regionen zu einem gewissen Grad systematisiert. Wie bereits angemerkt war lange Zeit die Namensgebung der Regionen – unter Einhaltung gewisser Anstandsregeln – ein Privileg, das den Entdeckern zustand. Die Einschränkungen beruhten vorwiegend auf dem gesunden Menschenverstand: Trivialitäten (Mickeymousium), Blasphemie (Gottium) und Obszönes (****ium) wurden vermieden und wären auch nie von der wissenschaftlichen Gemeinde akzeptiert worden. Doch über einige geistreiche und witzige Begebenheiten sollte berichtet werden, die – vielleicht unbeabsichtigt und machmal unbemerkt – die Namensgebung begleiteten. Zum Beispiel wurde das Gallium von seinem Entdecker, François Lecoq de Boisbaudran, angeblich nach Frankreich benannt (lateinisch *Gallia*), aber wahrscheinlicher in Anklang an seinen eigenen Namen (*Gallus gallus*, der Hahn). In unseren Tagen patroullieren ständig Kommitees auf den Gängen des Königreiches und trachten danach, den Prozeß der Namensgebung zu regulieren. Dieses Bestreben ist heute besonders stark ausgeprägt, weil ein beachtlicher Anteil des Forschungsbudgets mancher Staaten in die Eroberung von Neuland an der Südküste des Königreiches fließt; denn dies ist die einzige Region, in der noch Namen zu vergeben sind (doch auch an manch anderer Stelle des Königreiches wird gelegentlich an den bereits bestehenden Namen herumgepfuscht).

Ein Ausflug in die Geschichte mag hier hilfreich sein. Es ist nicht lange her, daß man eine Nomenklatur vorschlug, die die Regionen entpersonifizieren und die Namensgebung systematisieren sollte, so daß sie nicht länger durch den Stolz der Entdecker oder durch den Versuch, mit Hilfe eines persönlichen Stempels eine Art von Unsterblichkeit zu erlangen, geprägt werden konnte. Hier wurden – wie auch unter den Tischen so vieler anderer Kommitees – sowohl die Poesie als auch berechtigter Entdeckerstolz mit Füßen getreten. Die Namen sollten einer nüchteren Vorgehensweise weichen: Das erste Element (Wasserstoff) sollte Unium heißen, das zweite (Helium) Biium bis hin zum zehnten (Neon), das den Namen Decium erhalten sollte; die Zählweise wird fortgeführt bis zum hundertsten Element (Fermium; Fermi, weine nicht!) Unnilnillium und darüber hinaus bis hin zu Unnilseptium (107), Unniloctium (108) und so weiter. Dieser Vorschlag hat auch seine guten Seiten, und seine ursprüngliche Absicht, die ich etwas zu abwertend dargestellt habe, sollte stärker beachtet werden. So ist dieses neue System nicht dazu gedacht, die alteingeführten Namen der Regionen des Königreiches abzulösen; als ob zum Beispiel die Vereinigten Staaten in Einsland und Großbritannien in Viervierland umbenannt würden, nur weil es den nationalen Telefonvorwahlen entsprechen würde. Vielmehr sollen sich die Forscher mit Hilfe dieser systematischen Namen über das bisher Unbenannte verständigen können. Liegt tief im Südmeer wirklich ein Atlantis verborgen, so haben die potentiellen Entdecker nun ein Vokabular zur Verfügung, um ihr Seemannsgarn über die zu erwartenden Eigenschaften der unbekannten Regionen zu spinnen, ohne dabei der Geschichte vorgreifen und erraten zu müssen, daß eine bestimmte Region einmal Amundsenium oder Scottium heißen könnte. Werden dann einmal die Flaggen auf dem Neuland gehißt, kann Poesie die Prosa ersetzen und die Unsterblichkeit wieder Einzug halten.

Viel interessanter als die prosaische Nützlichkeit einer systematischen Nomenklatur ist das Flickwerk der Namen, das über Jahrhunderte gewachsen ist. Zu den antiken Namen, deren Wurzeln sich in der Vorzeit verlieren oder sich nur vage im Nebel der Geschichte verfolgen lassen (wie viele Namen europäischer Staaten), zählen Schwefel (aus dem Sanskrit: *swept*, schlafen oder erschlagen, vermutlich wegen der Giftigkeit der Schwefelverbindungen Schwefeldioxid und Schwefelwasserstoff), Eisen (keltisch *isera*, stark, fest), Gold (von dem germanischen *gülth*, gelb) und Silber (vermutlich von dem assyrischen *sarpu*, weißes Metall). Kupfer, seit Jahrtausenden bekannt, erhielt seinen Namen vom lateinischen *cuprum*, nach der Insel Zypern, auf der viel Kupfererz gefunden wurde.

Nach Abschluß der Frühgeschichte, seit Beginn der Neuzeit, können wir zuverlässiger nachvollziehen, woher sich die Namen ableiten. Wie bereits erwähnt benannte Humphrey Davy die Elemente Natrium (ägyptisch *neter*, lateinisch *nitrum*, später *natron*) und Kalium (aus dem arabischen *al kalia*) nach ihren jeweiligen Quellen, nämlich Soda und Pottasche. Auf ähnliche Weise kamen die Metalle im Westlichen Block zu ihren Namen: Calcium gewann man aus Kalkstein (lateinisch *calx*), und Magnesium stammt aus Erzen, die man aus weißer Erde (*magnes carneus*) isolierte; diese fand man in Magnesia, einer Halbinsel des antiken Thessalien. Der Stickstoff im Östlichen Block erhielt seinen Namen, weil Lebewesen in diesem Gas ersticken müssen. Der Name des östlichen Nachbarn, Sauerstoff beruht auf einem Irrtum: 1877, als Antoine Lavoisier dieses Element *oxygène* taufte (vom griechischen *oxys*, Säure), nahm man allgemein an, daß der Sauerstoff ein unabdingbarer Bestandteil von Säuren war. Diese Ansicht konnte zwar bald widerlegt werden (Salzsäure, eine Verbindung von Chlor und Wasserstoff, ist ein Gegenbeispiel); doch ein Element, einmal getauft, behält – gleich einem Kind – für immer seinen Namen.

Einige Elemente wurden nach ihrer Farbe benannt. Zwei berühmte Beispiele sind das Chlor, ein schwach gelbgrünes Gas, nach dem Griechischen Wort *chloros*, gelbgrün, und Iod, ein violetter Festkörper, vom griechischen *ioeides*, violett. Farben spielen auch in den Namen anderer Elemente eine Rolle, selbst wenn die Elemente nicht farbig sind. So ist zum Beispiel das Rubidium (vom lateinischen *rubidus*, tiefrot) kein rotes Element: Es zeigt das typische metallische Grau der Westlichen Wüste. Verbindungen des Rubidium, in eine Flamme gehalten, lassen diese rötlich leuchten. Cäsium dagegen färbt eine Flamme leuchtend blau und ist daher nach dem lateinischen Wort für diese Farbe (*caesius*) benannt. Thallium, vom griechischen *thallos*, grüner Zweig, erhielt diesen Namen aufgrund der hellgrünen Flammenfärbung, die bei seinen Verbindungen zu beobachten ist. Manchmal liegen die Wurzeln der Namen auch tiefer in der Persönlichkeit eines Elements verborgen. Vanadium, ein Übergangsmetall, bildet eine Reihe von Verbindungen, die in allen Farben des Regenbogens leuchten; daher wurde dieses elegante Element nach der skandinavischen Göttin der Schönheit benannt. Das farbenprächtige Chrom (vom griechischen *chroma*, Farbe) erhielt seinen Namen aufgrund des lebendigen Farbspieles, das es in seinen Verbindungen zeigt. Iridium geht zurück auf das griechische und lateinische *iris*, Regenbogen; es bekam seinen Namen aus demselben Grund wie Chrom, das gleiche gilt für Rhodium, vom griechischen *rhodon*, Rose.

Andere Sinne, andere Namen: Die Nase ist ein beständiger Weggefährte des chemischen Entdeckers, und es überrascht nicht, daß die Namen mancher Elemente sich auf die Eindrücke dieses Sinnesorgans zurückführen lassen. Selten riechen Elemente angenehm; setzt man sein Riechwerkzeug ein, reagiert es meistens mit Naserümpfen. Zum Beispiel ist Brom, der stinkende und dampfende See des Östlichen Blockes, nach dem griechischen Wort für „Gestank“ (*bromos*) benannt. Weiter im Westen, auf der Landenge, liegt ein anderes übelriechendes Element: das Osmium (*osme* ist der griechische Begriff für „Geruch“).

Viele Elemente sind nach Orten benannt, die mit ihrem Auftreten in enger Verbindung stehen. Strontium, bezeichnet nach Strontian in Schottland, ist ein Beispiel; viele weitere ließen sich anführen. Auch ganze Kontinente mußten dafür herhalten, neu eroberte Regionen zu benennen: Europa gab dem Europium seinen Namen, und Amerika (vor allem wohl der Norden des Kontinents) stand Pate beim Americium. Bisher gibt es noch kein Asium, Africium oder Australium, und vermutlich wird es nie ein Arkticium oder Antarkticium geben. Zahlreiche Länder sowie ihre geographischen Besonderheiten finden sich in der einen oder anderen Verkleidung in den Elementnamen wieder, und eine vergnügliche abendliche Beschäftigung vor dem Kaminfeuer besteht darin, diese Elemente zu identifizieren. Scandium kommt von Skandinavien, Francium von Frankreich und Germanium von Deutschland – das ist noch leicht. Schwieriger wird es bei Rhenium, nach dem Rhein (lateinisch *Rhenus*) benannt, und Ruthenium, auf Rußland (lateinisch *Ruthenia*) getauft, weil im Ural entdeckt. Auch Bundesstaaten und Städte können im Königreich ausgemacht werden: So zum Beispiel Californium und Berkelium, deren beider Namen die mühevoll erarbeiteten Beiträge der Universitäten von Kalifornien und Berkeley zur Erweiterung des Königreiches anerkennen. Wie ich bereits erwähnt habe, versteckt sich der Ursprung eines Namens oft hinter einer Verkleidung: Hafnium, im westlichen Teil der Landenge gelegen, ist nur schwer als Kopenhagen (lateinisch *Hafnia*) zu identifizieren. Der Name Holmium, ein Element der Lanthaniden, ist wohl leichter zu ergründen: Er weist uns den Weg nach Stockholm (lateinisch *Holmia*). Hinter Lutetium versteckt sich Paris (*Lutetia*, „Stadt der Lichter"). Keinem Ort auf der Welt wird im Königreich so oft gedacht wie der schwedischen Kleinstadt Ytterby vor den Toren Stockholms. Der Name Ytterby wurde in die Länge gezogen, zerstückelt und anderweitig verdreht, da in dieser Region reiche Mineralvorkommen liegen, die den Erzschürfern unserer realen Welt zur Entdeckung vieler neuer Elemente verhalfen. Yttrium und die Lanthaniden Ytterbium, Terbium und Erbium – auch wenn sie nur einen geringen Beitrag zur Weltwirtschaft liefern – erinnern nichtsdestotrotz an diese fruchtbare Region unseres Planeten.

Schließlich gibt es die Persönlichkeiten, deren Grabsteine wir im Königreich finden. Lecoq erlaubte sich – wie bereits erwähnt – einen Spaß mit Gallium. Die meisten Entdecker bevorzugten es jedoch, den Elementen nicht ihren eigenen Nanem zu geben; die übrigen von Personen stammenden Elementnamen wurden alle von Komitees zu Ehren des Entdeckers verliehen. Es scheint angemessen, daß die Südküste sowie der südliche Küstenstreifen der Südinsel auf immer – wenigstens solange wir existieren – an Persönlichkeiten wie Albert Einstein (Einsteinium), Enrico Fermi (Fermium), Dmitrij Mendelejew (Mendelevium), Alfred Nobel (Nobelium; ihm wird eher als Förderer der Forschung gedacht denn als eigentlichem Forscher) und Ernest Lawrence erinnert (Lawrencium; ein Wissenschaftler aus Berkeley, der das Zyklotron entwickelte – mit Hilfe dieser Technik wird heute weltweit Neuland im Königreich gesucht). Die jüngsten Namen finden wir in den Regionen der Südküste des Festlandes, wo Atome, die nicht einmal für die Zeit eines Lidschlages existieren, diversen Wissenschaftlern zu unsterblichem Ruhm verhalfen (Abbildung 5.1). Die

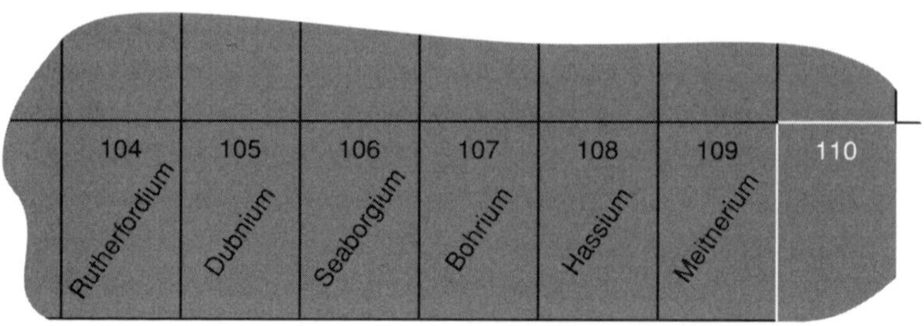

5.1 Um die Benennung der Elemente in diesem Teil des Königreiches ist lange Zeit gerungen worden. Das namensgebende internationale Komitee, die IUPAC (International Union of Pure and Applied Chemistry), hat 1997 die hier gezeigte Nomenklatur festgelegt (und dabei Vorschläge wie „Joliotium" und „Hahnium" für die Elemente 105 und 108 verworfen).

Namensgebung dieser Elemente lag auch hier in den Händen internationaler Komitees und entsprach in einigen Fällen durchaus nicht den Vorstellungen der Entdecker; noch heute sorgen die Namen bei manchen für Verärgerung und sind keinesfalls allgemein akzeptiert. Wir finden hier das Rutherfordium (nach Ernest Rutherford), das Dubnium (nach Dubna, einer sowjetischen Forschungsstätte, die zur Erweiterung des Königreiches beitrug), das Seaborgium (nach Glenn Seaborg), das Bohrium (nach Niels Bohr) und das Hassium (nach dem deutschen Bundesland Hessen, wo die in Darmstadt angesiedelte Gesellschaft für Schwerionenforschung dieses Element erstmals nachwies). Zuvor waren auch die Bezeichnungen Joliotium (nach Frédéric Joliot-Curie) und Hahnium (in Gedenken an Otto Hahn) für die Elemente 105 und 108 in der Diskussion. Zwei Namen von Frauen finden sich ebenfalls: neben Curium (nach Marie Curie) im südlichen Streifen der Südinsel noch das Meitnerium (nach Lise Meitner, der Mitarbeiterin von Otto Hahn), das seinen Platz neben dem Hassium am äußersten Zipfel des Festlandes hat. (Die daran anschließenden Elemente 110 bis 112 sind noch namenlos.)

Ebenso wie Sterbliche haben auch Götter den Elementen ihre Namen verliehen. Der ungeheueren Stärke der Titanen (der Kinder von Gaia, der griechischen Göttin der Erde) wird in dem Element Titan gedacht, und Prometheus stand bei dem Lanthaniden-Element Promethium Pate. Im Englischen gab der schnellfüßige Merkur dem quicklebendigen Quecksilber (*mercury*) seinen Namen. Böse Geister treiben ihr Unwesen: Nickel und Kobalt gehen zurück auf die Kobolde, die für Schwierigkeiten bei der Kupfergewinnung aus nickel- und kobalthaltigen Erzen verantwortlich gemacht wurden. Das eindrucksvollste Merkmal des Lanthaniden-Elements Dysprosium war wohl die große Schwierigkeit gewesen, es zu isolieren (vom griechischen *dysprositos*, schwer zu fassen). Einige Elemente verdanken anscheinend ihren Namen einem Irrtum: Außer dem Sauerstoff – einer Fehlbenennung, die wir bereits besprochen haben – finden wir das Schwermetall Molybdän (vom griechischen *molybdos*, Blei) und das silberne Platin, das nach *platina*, einer Verniedlichungsform des spanischen *plata,* Silber, benannt ist.

Neben den Göttern haben auch viele Himmelskörper den Elementen ihre Namen vermacht: Selen wurde wegen seines silbernen Scheines nach dem Mond (vom griechischen *selene*) benannt. Das Lanthaniden-Element Cerium wurde 1803 entdeckt, zwei Jahre nach der Entdeckung des Asteroiden Ceres, und Palladium ebenfalls 1803, etwa zeitgleich mit dem Asteroiden Pallas. Die Südküste der Südinsel – mit ihren kriegsgeborenen Elementen, die dem Krieg dienen sollten – erinnern an die kriegerischen Gottheiten Pluto, Neptun (sowohl Meeresgott als auch Gott der Erdbeben) und Thor, den norwegischen Donnergott. Merkwürdigerweise gibt es kein Marsium oder Venusium. Sollte sich jemals in Friedenszeiten Atlantis aus dem Ozean erheben, werden vielleicht freundlichere Götter und Göttinnen Pate stehen; vielleicht können wir uns an Aphroditium und Venusium oder ihren nicht griechisch-römischen Entsprechungen anderer Traditionen erfreuen.

6 Die Entstehung der Regionen

Am Anfang war das Nichts – auch die Regionen des Königreiches mußten einst entstehen. In dem von uns betrachteten Kosmos fielen sie aus dem Himmel und füllten das leere Land. Ein Teil dieses Elementregens entlud sich in der Kürze eines Augenblickes – in dem Moment der Entstehung unseres Universums vor etwa 15 Milliarden Jahren. Der Urknall – jene grundlegende Umwälzung, die die Zeit gebar und den Beginn unseres Universums darstellt – ließ die einsame Insel des Wasserstoffes aus dem Meer des Nichts emporsteigen. Wasserstoff war das allererste Element, das sich bildete. Nur dieser eine Ankerpunkt des Königreiches wurde im kosmischen Strudel gezeugt, und er ist der Ursprung der beeindruckenden Vielfalt unseres Reiches.

Fast gleichzeitig mit der Insel des Wasserstoffes erhob sich das Nordostkap des Heliums aus den Wogen. In dem Tumult der ersten drei Minuten prallten Wasserstoffatome aufeinander, und die Gewalt und Dichte dieses Malstroms ließen sie zu Helium verschmelzen – das Meer gebar die erste Region des Festlandes. Vergleicht man die Häufigkeiten von Wasserstoff und Helium im Kosmos, stellt die einsame Insel eine himmelhoch aufragende Säule dar, wogegen das Nordostkap als beachtlicher Sockel ein Viertel der Höhe des Wasserstoffes erreicht.

Nun ruhte das Königreich; zwei einsame Pfeiler ragten in den Himmel und bargen all die Reichtümer, die uns heute umgeben. Minuten vergingen, dann verstrichen Jahre – Tausende, ja Millionen von Jahren –, und nichts veränderte sich. Nichts deutete auf die Entstehung der reichen Vielfalt hin.

Doch auch wenn sich die Zusammensetzung der Materie nicht veränderte, konnte man andere Vorgänge im Universum beobachten. Nachdem sich die Materie gebildet hatte – wenn auch nur als einfach strukturierte und dünn verteilte Materie –, konnten Ereignisse eine Spur, eine Art Gedächtnis, ein Erbe hinterlassen. Die großen Wolken der beiden einfachen Elemente nahmen den gesamten vorhandenen Raum in Besitz, doch ihre Verteilung war nicht völlig gleichmäßig, so daß die schwache Gravitation zwischen den einzelnen Atomen nach und nach Bereiche höherer Materiedichte entstehen ließ, während sich andere Regionen zwangsweise ausdünnten. Im Universum bildeten sich Materieklumpen. Schließlich entstanden Strukturen, die letztlich (oder zumindest vom heutigen Zeitpunkt aus betrachtet letztlich) als Nachfolger dieser Urklumpen auch Sie und mich hervorbrachten.

Diese ersten Strukturen wuchsen, und die Unterscheidung zwischen Materie und leerem Raum wurde immer deutlicher. Auch die Materieklumpen waren nicht gleichmäßig im Raum verteilt, und in den riesigen Wolken höherer Dichte existierten wiederum kleine Regionen, die noch dichter waren. Im Laufe der Zeit wandelten sich diese Regionen zu Sternen, und die umgebenden riesigen Wolken entwickelten sich zu den Galaxien, die wir auch heute noch über uns am Firmament bewundern können. Während dieser Vorgänge, dieser wundersamen Verklumpung, standen weiterhin die Nordinsel und das Nordostkap mehr oder weniger allein – neben diesen beiden Elementen existierte keine andere Materieform in merklichem Ausmaß.

Die Entstehung der Sterne eröffnete – vergleichbar der Flut von Entdeckungen, die unsere irdischen Fortschritte in der Technik und der Nutzung von Energie nach sich zog – weitere Möglichkeiten, und schon bald erhoben sich neue Regionen des Königreiches über den imaginären Meeresspiegel. Dieses neugeborene Land entsprang dem Ozean weit im Nordwesten und bildete einen Teil der

Nordküste aus: vom Lithium nach Osten zum Beryllium und weiter zu den nördlichen Elementen des Östlichen Blockes. Von nun an und (vermutlich) für immer waren die beiden benachbarten Klippen des Nordens nicht mehr allein.

Die Quelle dieser neuen Ländereien – und der Ursprung des weitaus überwiegenden Teiles der Elemente – liegt im chaotischen Innern der Sterne. Als sich die Sterne bildeten, konnten die Wasserstoffatome in ihren Zentren wieder mit all der Kraft aufeinanderprallen, wie es Milliarden Jahren zuvor geschehen war. Wasserstoff wurde gegen Wasserstoff geschleudert, und ein wenig mehr Helium entstand im Königreich. Die Nordinsel verlor etwas an Höhe, und das Nordwestkap wuchs ein wenig an, doch die Veränderungen waren kaum wahrnehmbar. Diese Erosion der Nordinsel und das damit einhergehende Wachstum am Nordwestkap schreiten auch heute noch fort, und sie werden bestehen, bis die Sterne verlöschen, denn die bei diesem Prozeß der *Kernfusion* freigesetzte Energie ist der Brennstoff der Sterne – auch der unseres eigenen Sternes, der Sonne. Diese Fusionsprozesse lieferten weitere Elemente: Wasserstoff verschmolz mit Helium, und Lithium entsprang dem Ozean. Lithium kollidierte mit Wasserstoff, oder Helium mit Helium, und Beryllium ward geboren.

Trotz dieses stellaren Durcheinanders wurden nur kleinste Mengen der Ursubstanzen Wasserstoff und Helium in andere Elemente umgewandelt; doch alles, was da an anderen Materieformen entstand – und war es auch noch so wenig – hat letztlich unsere Existenz ermöglicht. Die weiteren, durch Fusion gebildeten Elemente kommen im Universum mit unterschiedlicher Häufigkeit vor. Um die Unebenheiten des Königreiches überhaupt wahrnehmen zu können, die sich ergeben, wenn man sich die kosmische Häufigkeit der einzelnen Regionen als Höhe vorstellt, müssen wir von den himmelhohen Klippen des Wasserstoffes und Heliums herabsteigen und die sanften Wellen der tiefliegenden Hügellandschaft des restlichen Reiches durchwandern. Vom Gipfel der Wasserstoffinsel aus betrachtet liegt das Festland großteils als einförmige Ebene dar: leicht abfallend von der Nordküste zum Inland, dann ansteigend hin zum Eisen, um sich zur Südküste wieder abzusenken zu Regionen, die sich kaum über den Meeresspiegel erheben. Gelangen wir jedoch beim Lithium an die Küste und bewegen uns ostwärts, ist die Landschaft keineswegs eben. Tatsächlich entdecken wir eine wellenförmige Bewegung: Lithium, Beryllium und Bor liegen tief in der Ebene, die dann jedoch zum Kohlenstoff, Stickstoff und Sauerstoff – den nach Wasserstoff und Helium häufigsten Elementen – zu beachtlichen Höhen ansteigt; im Süden liegt ein etwas niedrigerer Gipfel, das Eisen.

Um diese und andere Variationen zu verstehen, denen wir auf unserer Reise durch das Königreich begegnen werden, müssen wir mehr als bloß eine leise Ahnung vom Aufbau der Atome haben. Die Kieselsteine, die den Boden bedecken, sind nicht so kompakt wie echte Steine, sondern weisen in ihrem Innern eine Struktur auf (Abbildung 6.1). Heben Sie einen solchen Kiesel auf, werden Sie von seinem Gewicht überrascht sein und sich über seine vermeintliche Leere wundern, die dazu im Widerspruch steht. Ein Atom scheint auf den ersten Blick aus Nichts zu bestehen. Nur ein übermenschlich scharfes Auge ist in der Lage, den mikroskopisch kleinen Punkt inmitten der scheinbar leeren Hülle zu erkennen – ein Pünktchen, das trotz seiner Winzigkeit fast die gesammte Masse des Atoms ausmacht. Dieser äußerst dichte, winzige Punkt ist der *Atomkern*. Für unsere Zwecke reicht es aus, den Atomkern in zwei weitere Elementarteilchen, die dicht zusammengepackt sind, zu zerlegen: in *Protonen* und *Neutronen*. (Eine Ausnahme bildet der Wasserstoff: Sein Kern besteht aus nur einem einzelnen Proton.) Als wir Atome betrachtet haben, die im Innern der Sterne kollidierten, waren eigentlich diese kleinen Atomkerne gemeint, die aufeinanderprallten. Die Kernfusion kann man als Verschmelzung der Protonen und Neutronen zweier Kerne zu einem komplexeren und schwereren Kern betrachten – also einem neuen Element. Aus diesem Grund nennt man die Entstehung des Königreiches auch die *Nukleosynthese*. Die Stabilität der Kerne in dem heißen Plasma

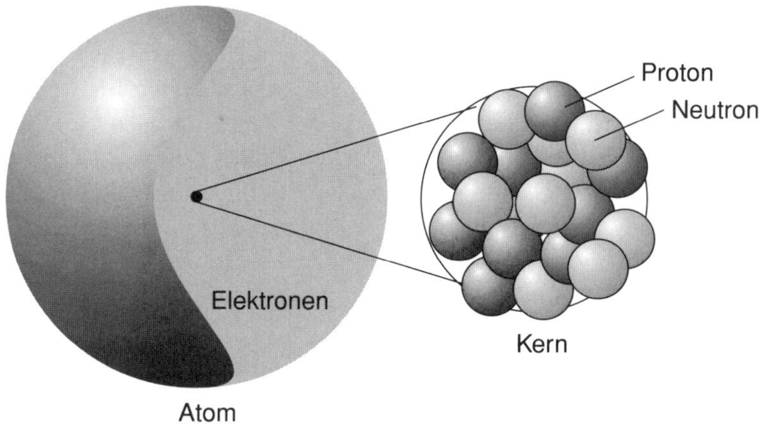

6.1 Der innere Aufbau der Atome. Ein Atom besteht aus einer Elektronenwolke, die einen winzigen, zentralen Kern umgibt. Der Kerndurchmesser beträgt nur ein Hunderttausendstel des Atomdurchmessers. (Der Kern ist daher im Verhältnis zum Atomdurchmesser sehr viel kleiner, als in der Abbildung gezeichnet: Der Kern entspricht in seiner Größe etwa einer Fliege in der Mitte eines Fußballstadions.)

im Innern der Sterne ist von großer Bedeutung, denn ein zerbrechlicher Kern würde die nächste Kollision nicht überleben, und Kollisionen finden milliardenmal pro Sekunde statt. Die Kerne können bestehen, weil ihre Protonen und Neutronen eine spezielle Anziehungskraft (die nüchtern, doch treffend als *starke Wechselwirkung* bezeichnet wird) aufeinander ausüben. Dieser starken, bindenden Kraft entgegen wirkt die Abstoßung gleichnamiger Ladungen, die von den dicht gepackten, positiv geladenen Protonen im Kern herrührt. Ein Kern kann nur dann stabil sein, wenn ausreichend Neutronen – elektrisch neutrale Teilchen – vorhanden sind, die zusätzliche starke Wechselwirkungen einbringen, ohne die den Kern auseinandertreibenden Abstoßungskräfte zu erhöhen. Und insbesondere können die Kerne im Tumult im Innern der Sterne nur dann überleben, wenn sich genügend Protonen und Neutronen eng aneinanderklammern können – wie Überlebende auf einem brüchigen Floß in stürmischer See. Tatsächlich ist es überraschend, daß überhaupt ein Kern in den Sternen bestehen kann. Beryllium (vier Protonen und fünf Neutronen) sowie Bor (fünf Protonen und fünf oder sechs Neutronen) können gerade noch überleben, so daß sie nur in geringem Ausmaß im Universum zu finden sind – denn die meisten dieser Kerne brachen bereits kurz nach ihrer Entstehung wieder aueinander. Ein Großteil der heute existierenden Lithium-, Beryllium- und Boratome sind Fragmente, die von größeren Kernen abbrachen.

Für uns ist es wichtig, daß Beryllium und Bor eine Überlebenschance haben, denn sie bilden den Engpaß auf dem Weg der Nukleosynthese hin zum Kohlenstoff, dem König der Mittelmäßigkeit – und nur so konnte der Geist entstehen, der die Größe des Königreiches zu bewundern vermag. Ein ganz spezieller Umstand bewirkt eine ziemlich rasche Bildung des Kohlenstoffkernes. Besäße er nicht diese besondere Eigenschaft – ihr Fachbegriff ist *Resonanz* –, wäre er bei weitem nicht so häufig im Kosmos vorhanden, sondern nur in kaum auffindbaren Spuren. Als Resonanz bezeichnet man das Phänomen, das ein Pendel eng an ein zweites Pendel koppelt, so daß dieses schließlich mit derselben Frequenz wie das erste schwingt; in unserem Fall entsteht die Kopplung zwischen einem Kern und einem Proton, die passende Energien besitzen.

Ohne diese Resonanz gäbe es kein Leben. Dank der Resonanz bildete sich viel Kohlenstoff; er ist das dritthäufigste Element des Universums. Zudem öffnet die Entstehung des Kohlenstoffes die Tür zur Nukleosynthese weiterer Elemente – die Regionen der Nordküste des Östlichen Blockes bildeten sich aus, schließlich die weiter südlich gelegenen Bereiche bis hin zu der Region des Eisens auf der Landenge. Wandern wir durch diese Gebiete, bemerken wir ein regelmäßiges Auf und Ab, obwohl sich die Landschaft allseits hin zu dem einsamen Hügel des Eisens erhebt. Hier wird eine weitere Korrelation zwischen einer Eigenschaft und der Lage der Regionen deutlich: Elemente mit gerader Protonenzahl sind häufiger als solche mit ungerader Protonenzahl. Entlang der Nordküste können wir zum Beispiel beobachten, daß Kohlenstoff, Sauerstoff und Neon Erhebungen, Stickstoff und Fluor dagegen Täler im allgemein abfallenden Terrain bilden. Dieses Muster finden wir – nur gering modifiziert – überall im Königreich, wenn es sich in Richtung Südküste absenkt. Auch auf der Südinsel ist dieses Muster präsent – hier ähnelt die Landschaft eher den Zähnen einer Säge als einer gleichförmig abfallenden Oberfläche. Dieses Landschaftsbild wird auch Atlantis prägen, falls es sich jemals aus dem Südmeer erhebt.

Die Erklärung für dieses Wellenmuster des Königreiches liegt in den Details der Kernstruktur verborgen – also in der Art und Weise, wie die Protonen und Neutronen aneinanderkleben. Liegen eine gerade Anzahl von Protonen und eine gerade Anzahl von Neutronen vor, können sie sich besonders stabil stapeln – die Kerne dieser Elemente sind daher geringfügig beständiger als die ihrer Nachbarn. Bei dem bisher beschriebenen Szenario treten jedoch zwei Probleme auf: Zum einen können in den Kernen, die schwerer als das Eisen sind, aufgrund der Kerngröße die Protonen und Neutronen nicht so effektiv miteinander wechselwirken wie in den kleineren Kernen, so daß die Stabilität abnimmt. Würde ein Stern schlicht bis zu seinem Erlöschen weiterbrennen, würde die zurückbleibende Schlacke aus nichts anderem als Eisen bestehen, und das Königreich wäre nie um die Regionen jenseits der ersten Reihe der Übergangsmetalle erweitert worden. Eisen stellt den Endpunkt des Weges dar, der mit Hilfe der Nukleosynthese, die wir beschrieben haben, beschritten werden kann; käme nichts Neues hinzu, könnte nicht einmal die Hälfte des Königreiches existieren. Zum zweiten wäre für das Leben im Universum nicht viel gewonnen, wenn das so entstehende halbe Königreich auf das Innere von Sternen beschränkt wäre. Wir benötigen das Königreich außerhalb der Sterne, wo sich im Laufe der Zeit die anorganische Materie zuerst in organische Substanzen und schließlich in lebende Organismen umwandeln kann.

Beide Probleme werden durch eine unvermeidliche Folge der Nukleosynthese behoben, die wir uns nun – des tieferen Verständnisses wegen – im Detail anschauen wollen. Das erste Stadium im Leben eines neugeborenen Sternes beginnt, wenn die Temperatur etwa auf 10 Millionen Grad (10^7 Kelvin) gestiegen ist. In diesem Abschnitt seines Lebenszyklus verbrennt der Stern Wasserstoff – es bildet sich Helium. Auch in unserer Sonne – einem Stern im mittleren Lebensabschnitt – verbrennen so pro Sekunde zirka 600 Milliarden Kilogramm Wasserstoff. Sind ungefähr zehn Prozent des in einem Stern vorhandenen Wasserstoffes umgesetzt, zieht er sich weiter zusammen, und im zentralen Bereich des Sternes erhöht sich die Temperatur auf mehr als 100 Millionen Grad. Bei diesem Vorgang werden die Randbereiche des Sternes von der ungeheueren Aktivität der heißen Kernzone auseinandergedrückt, und der aufgeblähte Stern entwickelt sich zu einem „Roten Riesen". Nun wird im dichten, extrem heißen Kern Helium als Brennstoff verwendet; es bilden sich Beryllium, Kohlenstoff und Sauerstoff. Diese Phase dauert an, bis alles Helium verbraucht ist und Kohlenstoff sowie Sauerstoff in etwa gleichen Anteilen vorliegen. (Hier finden wir die Erklärung, warum diese beiden Elemente nach Wasserstoff und Helium im Universum am häufigsten sind.) In diesem Stadium sind bereits die Grundbausteine des Lebens vorhanden.

Nachdem auch der Brennstoffvorrat an Helium aufgebraucht ist, verdichten sich die inneren Bereiche im Zentrum des Sternes nochmals, und die Temperatur steigt wiederum. In ausreichend großen Sternen – wenn die Masse mindestens das Vierfache der Masse unserer Sonne beträgt – kann die Temperatur schließlich Werte von einer Milliarde Grad (10^9Kelvin) erreichen; jetzt können der Kohlenstoff und der Sauerstoff als Kernbrennstoff dienen. Dieser Prozeß läßt Elemente entstehen, die man fast schon als schwer bezeichnen kann: Natrium, Magnesium, Silicium und Schwefel. Auf diese Weise entstanden die Elemente, aus denen sich unsere zukünftigen irdischen Landschaften aufbauen sollten.

Hat so im Herzen des Sternes der Gehalt an Kohlenstoff und Sauerstoff abgenommen und Silicium sich angereichert, kann dieses selbst als Brennstoff dienen und sich zu Schwefel, Argon sowie weiteren schwereren Elementen umwandeln. Durch weitere Kontraktion kann die Temperatur im Innern auf drei Milliarden Grad steigen. Nun tritt der Stern in seine sogenannte Gleichgewichtsphase ein, und die Elemente in der Umgebung des Eisens bilden sich. Eisen ist der stabilste aller Kerne; wie wir bereits festgestellt haben, würde ein völlig ausgebrannter Stern schließlich nur noch aus Eisen bestehen.

In den äußeren Regionen des Sternes sind zwischenzeitlich die Kerne einer sehr intensiven Bestrahlung durch Neutronen ausgesetzt, die von den Syntheseprozessen im Herzen des Sternes freigesetzt wurden. Bei Kollisionen können Kerne diese Neutronen einfangen, so daß sich mehrere zusätzliche Neutronen in einem Kern anreichern. In einem bestimmten Stadium dieses Prozesses wird der Kern so instabil, daß er ein Elektron ausstößt – ein Zeichen für die Umwandlung eines Neutrons in ein Proton und damit für die Entstehung eines neuen, schwereren Elements. Auf diese Art konnte sich das Königreich schrittweise um die Regionen jenseits des Eisens erweitern, und Elemente bis hin zum Uran (und vielleicht sogar darüber hinaus) wurden gebildet.

Die Sterne brennen nicht gleichmäßig von ihrer Entzündung bis zum Ausglühen vor sich hin. Da die Sterne beständig Atomkerne verbrauchen, erreichen sie eine Phase, in der ihr Inneres alt und verbraucht, der Brennstoff aufgezehrt ist. In diesem Stadium können die äußeren Regionen des Sternes – wie der Dachstuhl eines brennenden Hauses – kollabieren und in den heißen Schlund stürzen. Die fallende Materie kracht auf den dichten Kern des Sternes und wird zurückgeschleudert; auf diese Weise kann sich ein Stern seiner äußeren Hülle entledigen und sie ins Universum zerstreuen. Der Mutterstern vermag danach weiterzubrennen und explodiert vielleicht ein zweites Mal, doch hat er – und das ist der entscheidende Punkt – kostbare Asche aus neu geformten Elementen ins

All hinausgeschleudert. Das Universum enthält nun nicht mehr länger nur Wolkenschleier aus den Urelementen Wasserstoff und Helium; jetzt existiert eine bedeutende Verunreinigung! Die erste große Verschmutzung ist erfolgt, und die Voraussetzung zur Entstehung von Landschaften, Leben, Technik und Kraft finden wir nun außerhalb der Sterne vor.

Später mögen sich andere Sterne bilden, doch von nun an enthalten die Gaswolken, aus denen sie sich zusammenballen, bereits viele der Elemente unseres Königreiches. Die verdichteten, verschmutzen Gaswolken entflammen, verbrennen ihre Kerne – und schmieden dabei weitere Elemente des Königreiches. Irgendwann müssen sie sterben – auf ihre eigene, explosive Art. Wenn das Sternenbeben naht, werden der Kollaps und die folgende Explosion noch mehr neue Elemente im Kosmos verteilen.

Die frisch in Freiheit gesetzten Kerne, die durch den Kosmos streunen, sind unterschiedlich aufgebaut und spiegeln die verschiedenen Arten ihrer Entstehung wider. Sterne mit unterschiedlichen Massen brennen auf verschiedene Weise: Manche erreichen nie den Gleichgewichtszustand, andere gelangen noch nicht einmal in das Stadium, in dem Helium als Brennstoff dient; wieder andere verbrennen schnell, manche auch langsam. Unabhängig davon ist allen gemeinsam, daß durch den Mechanismus der Nukleosynthese nur sehr wenig Lithium, Beryllium und Bor entsteht, da die Bildung dieser Elemente bei der Synthese umgangen wird oder sie genauso schnell wieder abgebaut werden, wie sie entstehen. In dieser Phase der Evolution der Materie befinden sich diese Regionen des Königreiches noch alle unter dem Meeresspiegel der Nichtexistenz verborgen. Die Reise von Atomkernen durch die Weiten des Alls ist jedoch gefährlich: Hier lauern kosmische Strahlen und schnell dahinfliegende Materieströme. Es kommt zu Kollisionen, und von schwereren Kernen werden kleine Bruchstücke abgespalten – ein Prozeß, der *Kernzertrümmerung* genannt wird. Zu diesen Bruchstücken gehören auch die Kerne von Lithium, Beryllium und Bor. Diese Regionen des Königreiches verdanken ihre Existenz also Prozessen, die weit entfernt von Sternen vor sich gehen, in der trügerischen Ruhe des interstellaren Raumes.

Inzwischen ist das Königreich praktisch vollständig ausgebildet. Es erhebt sich aus dem Ozean des Nichts und wird bis in alle Ewigkeit grundsätzlich unverändert bleiben. Das Königreich wurde in und zwischen den Sternen geboren, und alles, was uns im imaginären Reich der Elemente oder auch in der Realität unserer eigenen Welt umgibt, wurde einst im Innern weit entfernter, längst erloschener Sterne geschmiedet und schließlich nach den Todeskämpfen der Weißen Zwerge den Sonnenwinden überlassen.

Nach ihrer Geburt, befreit aus dem wütenden Malstrom des Sterneninnern, begann für die Elemente eine ruhigere Zeit. Eine Weile dümpelten sie ziellos durchs All, von Kollisionen aus der Richtung geworfen, von Strahlung angetrieben und von wandernden Gaswolken mitgerissen, bis sich einige dieser umherirrenden Atome gemeinsam in der einen oder anderen Materiewolke wiederfanden. (Es ist bemerkenswert, wie häufig in der Geschichte des Königreiches Wolken eine Rolle spielen, die nach und nach eine konkretere Form annehmen.) So geschah es auch mit einer ganz bestimmten Wolke – zum Großteil aus Wasserstoff und Helium bestehend, doch nun durchsetzt von vielen Vertretern unseres Königreiches. Dies muß etwa vor vier oder fünf Milliarden Jahren geschehen sein, zehn Milliarden Jahre nach der Entstehung des Universums. Die schmutzige Wolke verdichtete sich, wie es eben schmutzige Wolken zu tun pflegen, wenn die Gravitationskraft die Teilchen zusammenführt – ungeachtet der Kräfte, die einer solchen Zusammenballung entgegenwirken. Schließlich entbrannte das nukleare Feuer, die Umwandlung von Wasserstoff in Helium setzte Energie frei und erhellte das umgebende All. Doch nicht der gesamte verdreckte Staub wurde ins Innere des Sterns gezogen: Ein entscheidender Rest blieb zurück, umkreiste den entstehenden Stern, verdichtete sich mehr und mehr zu Körnchen, dann zu Gesteinsbrokken, dann zu Felsen, dann zu Planetoiden, schließlich zu riesigen Kugeln, die eine Sonne umrundeten – unsere Sonne. Eine dieser

Kugeln verwandelte sich späterhin in den glutflüssigen Planeten, der nun als Plattform all unserer Aktivitäten dient: Die Erde war geboren.

An diesem Punkt der Geschichte des Königreiches sollten wir uns vergegenwärtigen, daß wir von nun an, bezogen auf die Häufigkeit der Elemente, zwei Landschaften betrachten werden. Bisher haben wir das Königreich aus kosmischer Sicht beschrieben; Wasserstoff und Helium erheben sich als himmelhohe Gipfel über eine weite, leicht gewellte Ebene. Nun wollen wir die Landschaft beschreiben, die wir erhalten, wenn wir die Häufigkeit der Elemente auf der Erde zugrundelegen. In diesem Licht erscheint die Landschaft völlig anders: Die riesigen Klippen des Wasserstoffes und des Heliums sind verschwunden, nur wenig erheben sich nun diese Regionen über den Meeresspiegel. Die gewaltigen Gipfel des Eisens, Sauerstoffes, Siliciums und Magnesiums beherrschen das Landschaftsbild, umrahmt von den etwas niedrigeren Nebengipfeln des Schwefels, Nickels, Calciums und Aluminiums. Welche erdgeschichtliche Katastrophe hat das Königreich so auf den Kopf gestellt, daß dort, wo einst Gipfel in den Himmel ragten, nur noch armselige Stümpfe blieben, und dort, wo das Land flach war, nun gewaltige Gipfel emporragen?

Auch wenn die Entstehung unseres Planeten, verglichen mit der Geburt der Elemente in den Sternen, recht sanft vor sich ging, so waren doch, gemessen an den heutigen Verhältnissen, gewaltige Kräfte am Werk. Insbesondere war die junge Erde – wie auch heute noch ihr Kern – durch und durch glutflüssig, und die große Hitze vertrieb viele der flüchtigen Verbindungen. Fast der gesamte elementare Wasserstoff, zuvor in Blasen gefangen, entschwand in den Weltraum; ebenso das Helium, das chemisch inert ist und sich daher nicht an andere Elemente festklammern konnte. Abgesehen von dem in nichtflüchtigen Substanzen gebundenen Wasserstoff sowie dem in Gesteinen eingeschlossenen Wasser verdampften die Klippen des Wasserstoffes und Heliums, und zurück blieben die armseligen Stummel. Praktisch kein Helium war auf der neu geborenen Erde mehr zu finden; der heute vorhandene Rest stammt aus dem radioaktiven Zerfall schwerer Elemente wie dem Radium und dem Uran.

Es blieben diejenigen Elemente als Bestandteile der jungen Erde zurück, die sich mit anderen verbinden konnten und so der Hitze trotzten. Silicium und seine nördlichen und westlichen Nachbarn Sauerstoff und Aluminium bildeten Silikate und Alumosilikate – die Gesteine, auf denen wir stehen –, und diese leichteren Verbindungen schwammen auf den schwereren Elementen wie Eisen und Nickel, die langsam in die Tiefe des glutflüssigen Erdinnern absanken, wo sie auch heute noch zu finden sind. Einige Elemente verbanden sich unklugerweise mit dem Schwefel; unklug deshalb, weil viele Schwefelverbindungen flüchtig sind und von der kochenden Erde vertrieben wurden. Die kosmische Landschaft des Königreiches wurde umgeformt, der Boden hob sich an der einen und senkte sich an anderer Stelle – entsprechend der Flüchtigkeit der Verbindungen, die die Elemente eingingen. Betrachtet man das Königreich aus Sicht der Häufigkeit der Elemente auf unserer Erde, unterscheidet sich daher die Landschaft beträchtlich von der, die wir vom kosmischen Standpunkt aus kennengelernt haben.

Wir haben nun einen Blick auf die Urgeschichte des Universums und auf die Entstehung der Erde geworfen, und wir wissen viel über die Gegenwart in unserem Königreich. Doch was kann man über die Zukunft aussagen? Ist das Königreich unvergänglich, oder wird es eines Tages im Meer versinken? Es ist ziemlich wahrscheinlich, daß eines Tages – vielleicht in ein paar Jahren, spätestens aber in einigen hundert Jahren – Atlantis gefunden wird; sicherlich eine intellektuelle Leistung, die jedoch wahrscheinlich keine große praktische Bedeutung haben wird. Viel interessanter erscheint das Schicksal des Königreiches in sehr ferner Zukunft, lang nachdem all die Sterne erloschen sind und unsere Tinte wieder den Weg ins All genommen hat. Ein denkbares (jedoch nicht gesichertes) Szenario besagt, daß sich in dieser fernen Zukunft – vielleicht in 10^{100} Jahren – die gesamte Materie in Strahlung umgewandelt hat. Man kann sich diesen Prozess gut vorstellen: Nach und nach verschwinden sowohl die Gipfel als auch die Täler im Königreich, während der Gipfel des Eisens immer weiter wächst, weil die Elemente sich in diese träge, niederenergetische Materieform umwandeln. Vorausgesetzt, die Materie zerfällt nicht sofort in Strahlung (was auch möglich wäre), wird sich das Königreich in eine einzelne, einsame Bergspitze aus Eisen verwandeln, die aus dem Meer des Nichts aufragt. Doch einst wird auch das Eisen zerfallen, und im Laufe der Zeit wird auch dieser letzte Gipfel des Königreiches abgetragen und schließlich von den Wellen verschlungen werden.

Vorstellbar ist auch, daß alle unsere Errungenschaften als reine Strahlung existieren könnten und ein Zeitalter anbricht, in dem noch eine Erinnerung an unsere frühere Existenz – unser gesamtes Wissen über das Königreich – vorhanden ist. Es ist aber auch denkbar, daß – in noch fernerer Zeit – die gesamte Strahlung verflacht, während sich das Universum weiter ausdehnt, und kein Fingerabdruck bleibt. Das Universum ist dann nur noch tote, flache Raumzeit, und das Königreich wird nicht einmal mehr in Gedanken existieren. In jenem Moment hat das Meer das Königreich wahrhaftig verschlungen. Alles, was einst war, einschließlich der Erinnerung daran, wird dann ausgelöscht sein.

7 Die Kartographen

Ursprünglich hatte man nicht erkannt, daß dem Königreich eine Ordnung zugrundeliegt. Mit Sicherheit waren die Regionen des Wasserstoffes, Sauerstoffes, Eisens und Kupfers bereits im 18. Jahrhundert bekannt, und im frühen 19. Jahrhundert gesellten sich einige Dutzend anderer Regionen hinzu. Sie wurden jedoch als Archipel einzelner, zufällig verteilter Inseln angesehen. Tatsächlich hatte man zu jener Zeit kaum einen Grund, eine verwandschaftliche Beziehung zwischen diesen Eilanden zu vermuten.

Den ersten ernsthaften, wenn auch zögerlichen Versuch, das Königreich zu kartographieren, unternahm ein deutscher Chemiker namens Johann Döbereiner. 1870 wurde er als Sohn eines Kutschers geboren und absolvierte später eine Lehre als Apotheker. Als Professor der Chemie in Jena tätig, bemerkte er eine Ähnlichkeit in den Berichten über bestimmte Regionen des Königreiches, die von chemischen Entdeckern der damaligen Zeit untersucht wurden. Als erster vermutete er eine Verwandschaft zwischen den Regionen und konnte 1829 in dem Archipel Gruppen zu je drei Elementen (Triaden) identifizieren, die sich stark ähnelten. Döbereiners Triaden stellten mehr dar als nur Gruppen von Elementen, die in ihren chemischen und physikalischen Eigenschaften ähnlich waren. Er konnte zeigen, daß all diese Triaden eine Eigenheit teilten: Die Atommasse des mittleren Elements entsprach dem arithmetischen Mittel der Atommassen der beiden äußeren Elemente. Hier tauchte zum ersten Mal ein numerischer Zusammenhang für Verwandtschaften und die geographische Lage von Regionen im Königreich auf. In einem Bereich des Archipels gelang es Döbereiner zum Beispiel, die Triade Lithium, Natrium und Kalium zu identifizieren (die Elemente 3, 11 und 19 mit den Atommassen 6,94, 22,99 und 39,10) – ein Bereich des Westlichen Blokkes war lokalisiert. An anderer Stelle faßte er Chlor, Brom und Iod (die Elemente 17, 35 und 53 mit Atommassen von 35,45, 79,90 und 126,90, die nacheinander in Nord-Süd-Richtung in der Reihe der Halogene stehen) in einer Triade zusammen, ebenso Calcium, Strontium und Barium (die Elemente 20, 38 und 56 mit Atommassen von 40,08, 87,62 und 137,34, auch von Nord nach Süd aufgereiht).

Mit unserem heutigen Wissen betrachtet mag es nicht allzu schwierig sein, solche Triaden zu erkennen, da benachbarte Regionen sich auffallend ähneln. Sich einen globalen Überblick zu verschaffen, erscheint dagegen eine anspruchsvollere Aufgabe zu sein – zum Beispiel etwa ein Dutzend Elemente einzuordnen. Dieses Vorhaben wurde zu Zeiten Döbereiners zusätzlich erschwert, da erst wenige Regionen des Königreiches erforscht und die vorliegenden Informationen zudem unvollständig waren; insbesondere lagen nur ungenaue Angaben zu den Atommassen vor. Döbereiner versuchte, ein Muster in dem Flickwerk zu erkennen, das große Lücken aufwies – ganze Regionen hatten noch nicht ihren Platz gefunden, und häufig wiesen die bislang gesammelten Daten in die Irre. Es zeugt bereits von seinem großen chemischen Scharfsinn, daß er allein die geschilderten Zusammenhänge aufdecken konnte. Warum diese Triaden über ihre Atommassen scheinbar zufällig untereinander verbunden waren, war alles andere als klar; man nahm damals an, daß sie in keiner Beziehung zueinander stünden. Aus der für uns vorteilhaften Retrospektive ist leicht ersichtlich, daß die Triaden in unterschiedlichen Bereichen des Königreiches liegen. Döbereiner und seine Zeitgenossen erkannten somit nur ein Stückwerk – das globale Muster blieb ihnen verborgen.

Bei dem Versuch, die Regionen zueinander in Beziehung zu setzen, konnte man in viele Fallen tappen. Einige Chemiker des späten 18. und frühen 19. Jahrhunderts glaubten – und hatten tatsächlich auch allen Grund dafür –, daß der Materie ein mathematisches Muster zugrundeliegt. Materie ist greifbar – Zahlen sind abstrakt. Abstrakte Gebilde können selbstverständlich Muster aufweisen; denn sie sind Erzeugnisse unseres Geistes, und ihre Entstehung hat System. Die Materie dagegen ist das Material der Erde und kein Phantasieprodukt. Materie ist *real*. Ihre Bestandteile mochte man hervorlocken und einer nach dem anderen identifizieren können, aber es bestand kein Grund, daß sie einer mathematischen Gesetzmäßigkeit folgen könnten.

Als zum ersten Mal Muster erkannt wurden, hagelte es von manchen Spott und Verachtung. In den sechziger Jahren des 19. Jahrhunderts waren ausreichend viele Regionen erkundet, so daß man sich fragen konnte, wie sie in das Königreich einzuordnen waren. Der erste Vorschlag für eine übergreifende Ordnung wurde von dem französischen Geologen Béguyer de Chancourtois 1862 vorgetragen: Er ordnete die Elemente spiralförmig auf einer Zylinderoberfläche an und konnte so 24 Elementen einen Platz zuweisen. Er bemerkte eine Periodizität in den Eigenschaften; jedes achte Element ähnelte dem jeweils ersten.

1864 schlug der englische Chemiker John Newlands ein verbessertes, zweidimensionales System vor, das der heutigen Darstellung des Königreiches bereits stark ähnelte. 35 Elemente konnte er so einordnen. Newlands, der italienische Vorfahren hatte, wurde 1837 in London geboren. Er kämpfte mit Garibaldis Armee vor Neapel und erlebte – zumindest in bezug auf romantische und heldenhafte Taten – einen Einbruch in seiner Karriere, als er eine Tätigkeit als Chemiker in einer Zuckerfabrik aufnahm. Unglücklicherweise wählte er zur Beschreibung seines Ordnungssystems den zweifelhaften Vergleich mit der Musik. Er erklärte, daß – analog einer Tonleiter – nach jeweils acht Schritten eine Harmonie der Elemente zu beobachten sei. Daher schlug er vor, die Elemente in Oktaven anzuordnen, was zu einem gewissen Grad auch richtig war. Rückblickend können wir inzwischen erkennen, daß die Nordküste der beiden Blöcke aus acht Regionen besteht, die vom Lithium bis zum Neon reichen. Aus damaliger Sicht gab es noch keine Hinweise auf die Existenz der tiefliegenden Küstenlinie der Edelgase; sie waren zu Zeiten Newlands noch nicht aus dem Meer der Unwissenheit aufgetaucht. Daher folgt als siebtes Element, von Lithium aus gezählt, nicht das Neon, sondern das Natrium – und diese Region, auch ein Alkalimetall, ist dem Lithium ausgesprochen ähnlich. Eine weitere Oktave von Elementen, sieben Schritte vom Natrium (wiederum unter Nichtbeachtung der östlichen Küstenebene), bringt uns zum Kalium – einem weiteren Verwandten des Natriums. Ordnete Newlands die Elemente nach steigender Atommasse, stellte er fest, daß jedes achte der damals bekannten Elemente (die Edelgase waren ein Problem, das erst zukünftige Chemiker beschäftigen sollte), eine Harmonie erzeugt.

De Chancourtois und Newlands hatten die Grundzüge des Königreiches skizziert. Doch seitdem, außer den von Döbereiner festgestellten punktuellen Verwandtschaftsbeziehungen, erweckten die Berichte neu entdeckter Regionen wiederum den Eindruck, als handele es sich um verstreut liegende unabhängige Inseln. Für Newlands war es wahrhaftig ein Pech, daß er zur Beschreibung seiner Beobachtungen die Analogie zur Musik wählte; er wurde nur spöttisch belächelt. Wie können solch fundamentale Naturerscheinungen mit musikalischen Harmonien verwandt sein? Wie absurd! Hat sich Mozart etwa an chemischen Verbindungen orientiert, als er komponierte? Schüttete Haydn uns etwa zusammengebraute Zaubertränke in die Ohren, um diese zu besänftigen? Warum versuchte Herr Newlands denn nicht, die Elemente stattdessen alphabetisch zu ordnen?

Der Spott verhinderte jedoch nicht weitere Versuche, die Ordnung des Königreiches zu ergründen. Drei Wissenschaftler strebten danach, dem augenscheinlich Irrationalen einen tieferen Sinn zu entlocken. Einer war William Odling, der Nachfolger von Michael

Faraday an der *Royal Institution* und später Professor für Chemie in Oxford. 1864 – im selben Jahr, in dem auch Newlands seine musikalische Kartographie veröffentlichte – publizierte Odling eine Darstellung des Königreiches, die unserer modernen Auffassung sehr nahe kommt. Er ordnete 57 Regionen auf eine Art und Weise an, der wir auch heute noch zustimmen können – nur ein oder zwei Regionen waren schlecht plaziert und nicht sauber identifiziert. Zudem ließ er Lücken, die eindeutig auf noch nicht entdeckte Elemente hinwiesen. Ungerechterweise wurde das Werk Odlings weithin ignoriert. Nebenbei sei bemerkt, daß er sehr alt wurde (91 Jahre) und als einziger der frühen Kartographen des Königreiches eine beachtliche Zeitspanne unseres 20. Jahrhunderts erleben konnte: Er starb 1921.

Im selben Jahr, 1864, zeigte der deutsche Chemiker Julius Lothar Meyer, daß die Fähigkeit der Elemente zur Verbindungsbildung sich periodisch mit der Atommasse ändert. Auf dieser Grundlage entwickelte er eine gekürzte Darstellung des Königreiches. Er untersuchte auch die physikalischen Eigenschaften der Elemente, besonders das von den Atomen eingenommene Volumen (das „Atomvolumen"), das er aus der Dichte und den Atommassen berechnete. Trug er das Atomvolumen gegen die Atommasse auf (die Atommasse war damals die fundamentalste Eigenschaft, mit der man die Elemente beschreiben und ordnen konnte), wurde ein Muster sichtbar (Abbildung 7.1). Newlands Oktaven fanden sich hier wieder: Das Atomvolumen zeigte Maxima beim achten und beim sechzehnten Element. Doch dann änderte sich der Rhythmus, und die nächsten Spitze trat erst nach achtzehn Elementen auf. Nach diesem Maximum zeigte sich eine erneute Spitze erst wieder nach einer – auch für die damals bekannten Elemente – langen Reihe weiterer Elemente. Meyer hatte ein periodisches Verhalten in den Eigenschaften der Elemente entdeckt – einen komplexen Rhythmus, der in Form einer Welle bei der von ihm gewählten Auftragung sichtbar wird. Das Königreich war offenbar komplexer strukturiert, als es Newlands vermutet hatte; Newlands erkannte

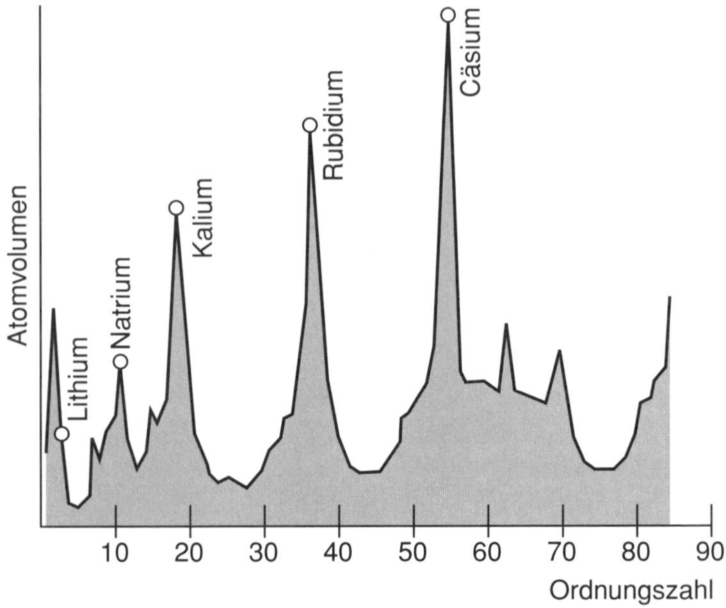

7.1 Eine moderne (und vollständigere) Version von Julius Lothar Meyers Diagramm des Atomvolumens der Elemente. Er trug die Werte gegen die Atommassen auf; hier sind sie gegen die Ordnungszahlen aufgetragen, da diese eine fundamentalere Größe darstellen. Beachten Sie das periodische Verhalten der Werte.

nur den Anfang dieser komplexen Struktur, während Odling und Meyer tiefer in sie eindrangen.

Weit entfernt, in St. Petersburg, beschäftigte sich der Bigamist und Chemiker Dmitrij Iwanowitsch Mendelejew (1834–1907) mit einer ähnlichen Fragestellung. Er näherte sich dem Problem jedoch eher von der Seite der Chemie, und er wußte offenbar nichts von den Erkenntnissen, zu denen Odling und Meyer gelangt waren. Mendelejew hatte eine gewisse Ähnlichkeit mit dem bösen Mönch namens Rasputin, und er bemühte sich, seinem Ruf gerecht zu werden. Er wurde als jüngstes von vierzehn Kindern in Sibirien geboren. In St. Petersburg war er als freimütiger und radikaler Streiter bekannt. Der Vorwurf der Bigamie gründete sich auf ein russisches Gesetz, das dem Ehemann nach einer Scheidung sieben Jahre lang eine erneute Heirat untersagt; Mendelejew pfiff darauf und heiratete trotzdem. Der Zar weigerte sich dennoch nicht, ihn bei Hofe zu empfangen und begründete dies damit, daß zwar er, Mendelejew, zwei Frauen habe, aber er, der Zar, nur einen Mendelejew.

Des Zars einziger Mendelejew kannte 61 Inseln des Königreiches (Abbildung 7.2), und er suchte nach chemischen Zusammenhängen, die dem Ganzen eine Ordnung geben konnten. Bis dato waren nur drei Fünftel des gesamten Königreiches bekannt; Men-

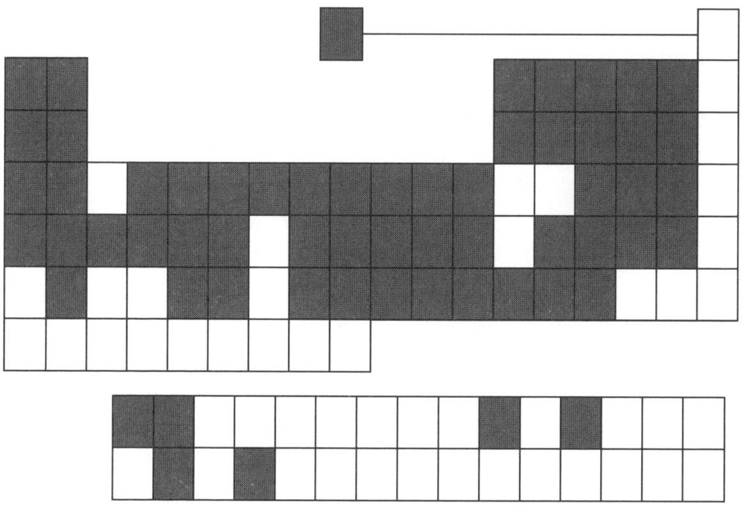

7.2 Die schattierten Regionen waren zu Zeiten Mendelejews bekannt. Um die Elemente zu identifizieren, können Sie diese Darstellung mit dem im hinteren Bucheinband dargestellten Periodensystem vergleichen.

delejew besaß den Mut, einer inneren Stimme folgend den Standpunkt zu vertreten, einige Regionen seien eben noch nicht entdeckt. Es schien ihm vernünftiger, Lücken zu lassen, die vielleicht Entdeckern als Wegweiser dienen könnten, als die Ordnung dergestalt hinzubiegen, daß ein falscher Eindruck der Vollständigkeit entsteht. Man erzählt, daß er während eines wohlverdienten Nikkerchens beim Schreiben eines Lehrbuches der Chemie, gerade als er an dem Problem der Ordnung der Elemente angelangt war, einen Traum hatte. Als er erwachte, zeichnete er seinen Plan in der praktisch endgültigen Form. Man schrieb den 17. Februar 1869.*

Für diese Entdeckung könnte auch von Bedeutung gewesen sein, daß Mendelejew begeistert Patiencen legte; er hatte die Elementnamen auf Karten geschrieben, die er zu Reihen und Spalten anordnete.

Mendelejew sah in der Atommasse die einzig akzeptable fundamentale Größe, da nur sie von Temperatur und anderen Variablen unabhängig war. Als er die Elemente nach ihren Atommassen (von denen die meisten inzwischen mit ausreichender Genauigkeit ermittelt waren) anordnete und den Mut aufbrachte, dort Lücken zu lassen, wo es das Muster zu verlangen schien, erhielt er die rechteckige, moderne Darstellung des Königreiches – und er stellte fest, daß die in Spalten angeordneten Elemente sich ähnelten. Die Verwandten ersten und zweiten Grades fanden sich in den Spalten, von Nord nach Süd ausgerichtet, wogegen sich die Eigenschaften von Ost nach West gleichmäßig veränderten. Heutzutage werden die senkrecht stehenden Spalten *Gruppen* und die waagerecht verlaufenden Reihen *Perioden* genannt. Mendelejew kannte lediglich 61 Elemente von den zirka 100 Elementen, die wir heute kennen, und bei seinem ersten Versuch ordnete er nur 32 Elemente in sein Schema ein. Dies genügte jedoch, um die Umrisse der Landmassen erkennen zu lassen. Er spielte ein wenig mit der Anordnung, verän-

---

* Dieses Datum bezieht sich auf den alten Julianischen Kalender; es entspricht in unserem Gregorianischen Kalender dem 1. März.

derte sie hier und da, wobei er seinem chemischen Gespür folgte und vermied, von reinen Zahlenspielen in die Irre geführt zu werden. So wechselte er – im Gegensatz zu einer Ordnung, die sich streng an den Atommassen orientierte – die Plätze von Kobalt und Nickel sowie von Tellur und Iod gegeneinander aus. Er ignorierte in diesen Fällen die Atommassen und richtete sich nach der Chemie, die ihm ermöglichte, diese Elemente den richtigen Gruppen zuzuordnen: Iod war nach chemischen Gesichtspunkten offensichtlich ein Halogen, und so wies er dem Element seinen ordnungsgemäßen Platz zu. Kobalt gehörte offensichtlich – zumindest aus Sicht eines Chemikers – zwischen Eisen und Nickel, und nicht an die Stelle, die es entsprechend seiner Atommasse einnehmen müßte.

Waren Lücken notwendig, um Regionen den entsprechenden Gruppen zuordnen zu können, ließ er eben Lücken. Wie bereits erwähnt, leiteten diese Lücken die Entdecker zu bisher unbekannten Regionen, und Eka-Silicium (Germanium) sowie Eka-Aluminium (Gallium) wurden bald darauf entdeckt – die Lücken schlossen sich. Doch auch Mendelejew unterliefen Fehler; so prophezeite er die Existenz von Regionen, die niemals gefunden wurden.

Mendelejews Darstellung des Königreiches unterschied sich noch ein wenig von der heutigen; doch wie so oft unterliegen erste Versuche, einen Organisationsplan aufzustellen, nachträglich einer Änderung. Zum einen erkannte Mendelejew nicht die Existenz der Landenge; alle Regionen faßte er in einem Block zusammen. Seit seiner ersten Kartographie hat sich die Art der Darstellung weiterentwickelt, und sogar noch im späten 20. Jahrhundert diskutiert man über die beste Darstellungsweise.

Die moderne Karte des Königreiches wurde vom Joch der Atommassen befreit. Die Elemente werden nicht mehr nach steigender Atommasse einsortiert, sondern nach einer viel grundlegenderen Eigenschaft: ihrer *Ordnungszahl*. Diese entspricht der Anzahl der Protonen im Kern eines Elements (daher auch *Kernladungszahl* genannt); die Zahl der Neutronen, die natürlich auch zur Atommasse beitragen, wird außer acht gelassen. So besitzt der Wasserstoff zum Beispiel nur ein einzelnes Proton, und seine Ordnungszahl ist 1. Helium (das ein oder zwei Neutronen besitzt) hat immer zwei Protonen, und die Ordnungszahl ist 2. Uran weist 92 Protonen auf und hat daher die Ordnungszahl 92. Diese unzweideutige Ordnungszahl steigt in der Karte gleichmäßig an: In einer Reihe von West nach Ost nimmt sie zu, und jede der südlicheren Reihen hat jeweils höhere Ordnungszahlen. Die Landschaft des Königreiches, im Lichte der Ordnungszahlen betrachtet, gleicht einer gleichmäßigen schiefen Ebene – eine makellose Oberfläche, die beständig von Nordwesten nach Südosten hin ansteigt. Wandert man entlang einer Periode durch das Königreich, muß man keinen Fehltritt fürchten, wie es der Fall wäre, wenn man die Atommassen als Ordnungskriterium zugrundelegen würde. Auch auf der vor der Südküste liegenden Insel steigt die nördliche Küstenlinie gleichmäßig an, und – etwas erhöht – parallel dazu der südliche Küstenbereich. Wenn wir die Insel zum Festland schleppen müßten, wäre die Stelle genau zu erkennen, an der sie sich nahtlos einfügt.

Von besonderer Bedeutung ist in diesem Zusammenhang, daß jedem Element durch unabhängige Messungen exakt eine Ordnungszahl zugewiesen werden kann; so ist sofort zu erkennen, daß es keine Lücken mehr gibt. Wäre dieses Konzept der Ordnungszahlen bereits zum Ende des 19. Jahrhunderts bekannt gewesen, wäre sofort aufgefallen, daß jenseits der Halogene noch ein Streifen unbekannten Landes verborgen sein muß: Die Ordnungszahlen zwischen dem östlichen Ende einer Periode und dem westlichen Anfang der nächsten differierten jeweils um 2. Aus diesen Gründen können wir heute mir Sicherheit behaupten, daß nicht noch weitere unbekannte Küsten oder ganze Regionen vergessener Welten westlich der Westlichen Wüste zu finden sind. Es fehlen schlicht und ergreifend keine Ordnungszahlen. Angenommen, die Ordnungszahl sei die fundamentale Größe (woran heute niemand zweifelt), ist die Namensliste der Elemente komplett – zumindest zwischen 1 und 112.

Weisen wir jeder Region eine Ordnungszahl zu, können wir entlang der Südküste wandern und dabei jeden Schritt überprüfen, indem wir die Ordnungszahl der jeweils betretenen Region betrachten. Erhöht sich die Ordnungszahl plötzlich um zwei, wissen wir, daß dort noch eine Region vermißt wird – wir lassen eine Lücke. Die Ordnungszahl wird an dieser gefährlichen, unruhigen Südküste nicht nach der Reihenfolge der Entdeckungen vergeben: Sie wird über spezielle Messungen ermittelt, und man weist so dem Element seinen Platz zu. Aus ähnlichen Gründen, und aus unserem Wissen über den Aufbau der Kerne, können wir die ungefähre Entfernung abschätzen, in der wir vor der Küste die Insel der Stabilität erwarten: Sie liegt bei einer Ordnungszahl von ungefähr 115. Auch die Größe dieser Insel können wir abschätzen, denn Theorien zur Stabilität der Kerne sagen voraus, daß eine weitere Stabilitätszone bei Ordnungszahlen von ungefähr 180 zu vermuten ist.

Ein weiterer großer Vorteil, den die Ordnungszahlen zur Beschreibung der Regionen mit sich bringen, liegt darin, daß es keinen Streit mehr um den Platz einer Region im Königreich geben kann (doch wir werden noch feststellen, daß es aus anderen Gründen Streit um die territoriale Zugehörigkeit gibt). Tatächlich lassen die modernen Darstellungen des Königreiches allesamt keinen Zweifel an dem Platz so eigensinniger Regionen wie Kobalt und Nickel oder Tellur und Iod: Diese Elemente befinden sich dort, wo Entdecker mit chemischem Spürsinn sie auch suchen würden. Wie wir uns eingestehen müssen, war es ein glücklicher Zufall, daß die Atommassen in der Regel so gut mit den Ordnungszahlen korrelieren. Nur so hatten die frühen Kartographen eine geeignete atomare Eigenschaft bei der Hand, um ans Werk zu gehen – auch wenn es noch nicht die fundamentale Eigenschaft war, die bei späteren Untersuchungen entdeckt wurde.

Zurück zu den Streitpunken: Es gibt drei; zwei aus chemischer Sicht, einer aus Sicht der Bürokraten. Der erste chemisch begründete Streit (eine Rauferei, kein Weltkrieg) fand auf der Südinsel statt. Chemiker kennen genau die Reihenfolge der Elemente in dieser Region des Königreiches, und sie wissen, an welcher Stelle des Festlandes sich die Insel nahtlos einfügen läßt. Die Reihenfolge der Regionen ist durch die Ordnungszahlen exakt festgelegt. Die Entscheidung allerdings über die Größe des Bereichs, der aus dem Festland herausgeschnitten werden und sein Dasein als Insel fristen soll, beruht auf der Beurteilung, wie ähnlich sich benachbarte Elemente sind. Hier bieten nun beide Enden der Insel Raum für Diskussionen, besonders im Hinblick auf die recht komplexen Beziehungen zwischen den Regionen am östlichen Ende der Insel. Auf verschiedenen Karten unterscheidet sich die Insel geringfügig in ihrer Größe. In unserer Darstellung des Königreiches haben wir das größtmögliche Stück aus dem Festland herausgeschnitten – das Prunkstück aller denkbaren Südinseln.

Warum, so könnte man fragen, soll man überhaupt Regionen als Inseln vor die Küsten verlagern? Der Grund ist ein rein pragmatischer: Die Karte des Königreiches mit all den Inseln ist einfach zu lang und zu schmal, als daß man sie vernünftig auf einer Buchseite abbilden könnte. (Tatsächlich wird aus diesem Grund auch manchmal die Landenge als Insel dargestellt. Diese Art der Abbildung hat zudem den Vorteil, daß man grundlegende Beziehungen der Elemente quer durch das Königreich besser untersuchen kann. Wir werden diese stark gestutzte Form nicht verwenden, doch Sie könnten durchaus einmal mit einer solchen Karte konfrontiert werden und sollten sich dann von einem augenscheinlich zusammengebrochenen Königreich nicht verwirren lassen.)

Der zweite chemisch motivierte Streit findet im hohen Norden statt und betrifft die Lage des weit vor der Küste liegenden Eilandes des Wasserstoffes. Jenen, die etwas gegen einsame Inseln haben, stellt sich das Problem, wo man den Wasserstoff auf dem Festland unterbringen soll. Es ist der Krieg der „Linken" gegen die „Rechten". Die Linken kämpfen darum, das Eiland direkt nördlich von Lithium und Beryllium – gegenüber dem Nordostkap des Heliums – an das Festland anzubinden, um so ein neues Nordwestkap zu schaffen. Gute chemische Gründe sprechen für diese Forderung; Gründe, die sich aus der inneren Struktur dieser Atome ableiten (die auch wir noch besprechen werden). Diese Elemente sind strukturell eng verwandt. Auf der anderen Seite ist dieses Vorgehen auch ungeschickt, denn Wasserstoff ist, im Gegensatz zu allen anderen Regionen der Westlichen Wüste, ein Gas und kein Metall; von diesem Gesichtspunkt aus betrachtet wäre es also am falschen Platz. Die Rechten würden das Eiland gern an entgegengesetzter Stelle ans Festland anbinden, also nördlich der Halogene neben dem Helium, und so das Nordostkap auf die doppelte Größe ausweiten. Wasserstoff, so argumentieren sie, sei ohne Zweifel ein Gas und ähnele sowohl chemisch als auch physikalisch den Halogenen. Trotzdem sind diese Argumente kaum schlagkräftiger als die der Linken, und vergleicht man die innere Struktur (was wir noch tun werden), wird klar, daß der Wasserstoff an dieser Stelle fehl am Platze ist. Manche Chemiker schlagen als Kompromiß vor, den Wasserstoff gleich an beiden Orten einzuzeichnen. Wir entscheiden uns für eine andere Vorgehensweise, die sich auf eine seit langem bekannte Beobachtung gründet: Die Elemente der Nordküste, die „Startreihe" des Königreiches, unterscheiden sich in vielen Eigenschaften deutlich von ihren jeweils südlichen Nachbarn. Man hat daher allen Grund anzunehmen, daß das allererste Element dementsprechend als „Fremder" anzusehen ist und daß daher keine Argumente dafür sprechen, es irgendwo an das Festland anzubinden; jeder dieser Versuche würde eine nicht vorhandene Verwandtschaft vortäuschen. Daher befindet sich in unserer Darstellung des Königreiches (im Gegensatz zu vielen anderen, die Ihnen begegnen werden) die Region des Wasserstoffes fest vor der Nordküste verankert.

Der Streit der Bürokraten betrifft die Kennzeichnung der Gruppen. Die Kennzeichnung der Perioden (der horizontalen Zeilen) liegt klar auf der Hand – hier tobt keine Schlacht: Wasserstoff und Helium bilden die 1. Periode, und die nachfolgenden horizontalen Reihen werden als 2., 3., 4. bis hin zur 7. Periode bezeichnet. Die

Südinsel wird hierbei als Teil des Festlandes betrachtet: Ihr nördlicher Küstenstreifen zählt zur 6. und der südliche zur 7. Periode. Neuland wird zur Zeit im östlichen Teil der 7. Periode gewonnen. Die Zählweise der Gruppen (der senkrechten Spalten) ist dagegen heiß umstritten. Die folgenden Anmerkungen mögen Sie vielleicht verwirren, doch der Sachverhalt *ist* eben verwirrend. Mendelejew und seine direkten Nachfolger bezeichneten die Gruppen des Westlichen Blockes mit I und II und die des Östlichen Blockes mit III bis VIII. Sie zählten aber auch die Gruppen der Landenge von I bis VIII; Gruppe VIII der Landenge, Elemente mit typischem Übergangsmetallcharakter, faßte dabei jeweils drei Elemente einer Reihe zusammen. So zählten zum Beispiel die Metalle Eisen, Kobalt und Nickel alle zur Gruppe VIII. Kupfer, das direkt auf diese drei folgt, wurde als Gruppe I der Landenge beschrieben – eine Zuordnung, die zum Vergleich mit den Alkalimetallen verführt (einige wenige und nicht sonderlich schlagkräftige Gründe veranlaßten zu dieser Zuordnung). Ähnlich wurde die Gruppe, in der wir das Zink finden, als Gruppe II bezeichnet – genau wie die Gruppe des Westlichen Blockes, in der wir Magnesium und Calcium finden. Um die Gruppen der beiden Blöcke und die der Landenge unterscheiden zu können, wurden die Buchstaben A und B benutzt. Die Gruppe der Alkalimetalle erhielt also die Bezeichnung IA, und Kupfer und Konsorten gehörten zur Gruppe IB. Magnesium war der Gruppe IIA und Zink (ein Verwandter vielleicht zehnten Grades) der Gruppe IIB zugeordnet. Doch neben den „Linken“ und „Rechten“ waren auch „Royalisten“ und „Demokraten“ zu Gange; die Royalisten benutzten diese Nomenklatur, die Demokraten vertauschten dagegen A und B. Folgt man den Demokraten, so zählt Kupfer zur Gruppe IA und Zink zur Gruppe IIA. Die „Eisengruppe“ (Eisen, Kobalt und Nickel) wird als Gruppe VIIIA bezeichnet, und die Edelgase bilden die Gruppe VIIIB. Nach dem Willen der Royalisten werden die „Eisengruppe“ als Gruppe VIIIB und die Edelgase als VIIIA bezeichnet. Es existierte sogar eine Sekte, die mit all diesen Traditionen brach und vorschlug, die Edelgase – an der

Küste der Nichtreaktivität gelegen – Gruppe 0 zu nennen; für diese Zahl gibt es gleich gar keine römische Ziffer.

Nun wird verständlich, daß hier viele Gelegenheiten für Verwechslungen lauern. Da man das jeweils Gewohnte zu verteidigen sucht, wurde jedem Versuch einer Änderung blutiger Widerstand entgegengesetzt. Um diese internationale Verwirrung zu überwinden, gründeten die menschlichen Aufseher des Königreiches eine Art „Vereinte Nationen“, die eine weltweit akzeptierte Nomenklatur erarbeiten sollten.*

Diese unterbreiteten einen vernünftigen Vorschlag: Die alte Ordnung sollte vollständig durch eine neue Ordnung ersetzt werden. Anstatt die römischen Ziffern I bis VIII, die ketzerische 0 und die für ständigen Ärger sorgenden Buchstaben A und B zu verwenden, werden einfach die arabischen Ziffern 1 bis 18 benutzt, um die Gruppen des Festlandes zu bezeichnen: Man beginnt im fernen Westen mit der 1 und endet im fernen Osten mit der 18. Die Gruppen der Südinsel werden von diesem Vorschlag nicht erfaßt, doch dies sollte keine Bauchschmerzen bereiten: Da diese Regionen chemisch quasi nicht voneinander zu unterscheiden sind, ist es auch nicht unbedingt nötig, ihnen ein numerisches Unterscheidungsmerkmal zuzuordnen. Folgt man dem Vorschlag der Vereinten Nationen des Königreiches, bilden die Elemente der Landenge jeweils eigene Gruppen, die von 3 bis 12 bezeichnet werden.

Bei unserer Darstellung des Königreiches sind die Gruppen nach diesem gültigen Schema benannt. Doch die Alte Garde beharrt weiterhin – aus guten Gründen, die wir erkennen werden, wenn wir die Institutionen des Königreiches unter die Lupe nehmen – auf der alten Bezeichnung. Sie glaubt, diese brächte die chemische Verwandschaft der Gruppen besser zur Geltung, und dies sei ja schließlich die Grundlage für die Existenz des Königreiches. Trotzdem gewinnt die Neue Garde scheinbar ständig an Boden,

---

* IUPAC, *International Union of Pure and Applied Chemistry*; dieses Komitee überwacht zudem die Namensgebung neu entdeckter Elemente.

und selbst wenn die Schlacht noch lange nicht gewonnen ist und nach allen Regeln der Kunst auf dem Papier weitergefochten wird – hier und da ein Scharmützel, fernes Kanonendonnern in der Westlichen Wüste –, so deutet alles darauf hin, daß sich die Neue Garde zwar letztlich durchsetzen wird, doch ab und zu der Alten Garde Respekt zollt und manchmal ihre Nomenklatur benutzt.

An dieser Stelle sollten wir noch einen letzten Gesichtspunkt der Nomenklatur des Königreiches betrachten. Wir haben bisher die Begriffe Östlicher und Westlicher Block, Landenge sowie Südinsel benutzt. Es sollte uns nicht weiter überraschen, wenn wir nun erfahren, daß diese Bereiche des Königreiches noch offiziellere Namen tragen. Da auch Südinsel und Landenge wie Blöcke aussehen, werden sie ebenfalls – sehr bildhaft – als *Block* bezeichnet. Somit gibt es vier große Blöcke im Königreich. Jeder dieser Blökke trägt eine andere Bezeichnung. Solange wir nicht die Institutionen und Behörden des Königreiches kennengelernt haben, wird uns diese Namensgebung geheimnisvoll erscheinen, denn sie beruht auf einer chemischen Besonderheit, die wir bald enträtseln werden. Aus Gründen, die zum jetzigen Zeitpunkt noch völlig im Dunkeln liegen, nennt man den Westlichen Block den *s-Block*, den Östlichen Block den *p-Block*, die Landenge wird als *d-Block* und die Südinsel als *f-Block* bezeichnet.

Nun haben wir den aktuellen Stand der Kartographie des Königreiches umrissen. Zusammenfassend sollten wir festhalten: Die Regionen sind nach steigender Ordnungszahl aneinandergereiht. Sie bilden horizontale Perioden (gezählt von 1 bis 7) und senkrechte Gruppen (gezählt von 1 bis 18); diese Gruppen formen vier Blöcke, die als *s*-, *p*-, *d*- und *f*-Block bezeichnet werden.

Bevor wir nun jedoch tiefer in die Organisationsstrukturen des Königreiches eintauchen, sollten wir uns vor Augen führen, daß auf dem Gebiet der Kartographie weitere Entwicklungen im Gange sind. So wurden viele Versuche unternommen, das Königreich noch perfekter darzustellen – insbesondere (wie auch für unsere Erde) durch eine dreidimensionale Darstellung. Ist das Königreich, wie unsere Erde, eine Kugel? Kann man in drei Dimensionen die Verhältnisse klarer und exakter darstellen als in zwei Dimensionen (bei unserer Erde ist dies ja der Fall)? Könnte eine höherdimensionale Abbildung zu fruchtbareren, der Wahrheit mehr entsprechenden Rückschlüssen führen als die Darstellung, die wir beschrieben haben?

Es lohnt sich, für eine Weile ins Studierzimmer eines Kartographen zu schlüpfen, um zu erkunden, welche Vorschläge bisher gemacht wurden. Die meisten ähneln verstaubten Museumsstükken und waren für die Orientierung im Königreich nur von geringem Wert. Wie wir bereits erfahren haben, hatte Chancourtois das Königreich als Spirale dargestellt, die sich um einen Zylinder windet: Man nannte sie geheimnisvoll die „Tellur-Schraube“, weil die Region des Tellurs (bezeichnenderweise nach dem lateinischen Begriff für „Erde“ benannt) die zentrale Stellung einnahm. Diese Spirale und ihre noch komplexeren Nachfolger – brezelartig verwundene, in sich geschlossene Spiralen und Doppelspiralen – vermieden geschickt den Eindruck, das Königreich würde irgendwo enden, da sich der Westen im Osten fortsetzt – so wie Alaska Sibirien benachbart ist.

Da unser Königreich jedoch ein Phantasiegebilde ist, besteht keine Notwendigkeit, seine Form den Gegebenheiten der realen Reiche unserer Erde anzupassen. Eine der interessantesten Darstellungen des Königreiches ist das Wetterfahnen-Modell (Abbildung 7.3). In diesem Modell bildet der s-Block die Achse (beachten Sie, daß der s-Block zwei Seiten hat), und der p-Block (ebenfalls zweiseitig) ist zwischen Gruppe 2 und 1 als Flügel an der Achse befestigt. Der ebenfalls zweiseitige d-Block formt einen weiteren Flügel, der an der Nahtstelle von s- und p-Block befestigt ist. Der zweiseitige f-Block dagegen ist auf dem d-Block verankert und bildet so einen Flügel, der auf einem Flügel sitzt. Alle Bereiche des Königreiches werden gleichermaßen berücksichtigt; würde jemals ein g-Block entdeckt werden, könnte man ihn in diesem Modell bequem auf einem der bereits vorhandenen Flügel unterbringen. Es

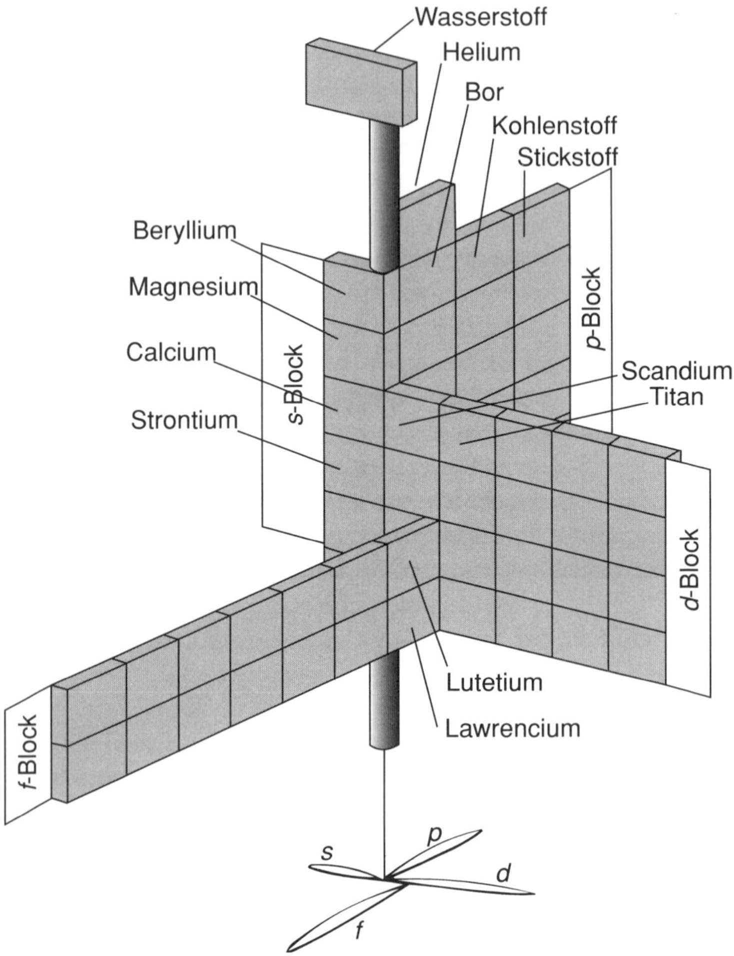

7.3 Eine der dreidimensionalen Darstellungen des Königreiches. Dieses vierflügelige Modell hat der Chemiker Paul Giguère vorgeschlagen. Jeder Flügel stellt einen Block dar. In dieser Ansicht ist jeweils nur eine Seite eines Blockes sichtbar. Versuchen Sie doch einmal, die Regionen zu identifizieren; um Ihnen den Start zu erleichtern, habe ich bereits einige Namen angegeben.

gibt noch viele weitere Versuche dieser Art, doch alle kranken an derselben Schwierigkeit wie unsere Globen: Sie benötigen mehr als zwei Dimensionen.

Vielleicht kann man das Königreich in Zukunft einmal noch tiefsinniger porträtieren, als es die bisher unternommenen Versuche nahelegen. Die Möglichkeiten der Computertechnologie könnten uns eines Tages prachtvollere und anschaulichere Darstellungen der Verhältnisse im Königreich liefern, die bei weitem jede zweidimensionale Karte übertreffen. Auch könnte man sicherlich eine völlig andere Grundlage für eine Darstellung ersinnen oder das Königreich in verschiedenen Ebenen zeichnen, so daß unser Verständnis über unsere momentanen Vorstellungen hinaus erweitert werden könnte. Für die weitere Betrachtung des Königreiches werden wir jedoch wieder auf den Boden der Tatsachen zurückkehren und unsere zeitgenössische, etwas abgegriffene Karte des Königreiches zu Hilfe nehmen, die wir inzwischen verinnerlicht haben und die sich über die Döbereiner-Triaden, die Oktaven Newlands, die Darstellung Odlings sowie die Muster von Meyer bis hin zu Mendelejews grundlegender Erkenntnis entwickelt hat.

Teil III: Regierung und Institutionen

8 Die innere Ordnung

Die innere Ordnung bestimmt die Strukturen der Atome und ihre charakteristischen Eigenschaften. Um diese Ordnung verstehen zu können, muß man sich zum Teil von seinen Alltagserfahrungen lösen. Nun, vielleicht ist das ein bißchen übertrieben, denn eigentlich sind die Gesetze, die das Königreich regieren, viel leichter zu verstehen als die Gesetzgebung, die unser tägliches Leben bestimmt. Man kann sogar behaupten, sie seien viel einfacher zu verstehen als die Regeln, die dem Verhalten von Billiardkugeln, Planeten und anderen makroskopischen Objekten zugrundeliegen. Die Quantenmechanik – dieses Paradebeispiel für den Bruch der Wissenschaft des 20. Jahrhunderts mit der Vergangenheit – bildet die Grundlage für das Verständnis der Struktur des Königreiches, erklärt seinen periodischen Aufbau und läßt verstehen, warum die Regionen gerade in dieser Weise angeordnet sind. Tatsächlich ist die Quantenmechanik unabdingbar für die erfolgreiche Interpretation des Königreiches. Wollen wir eine empirische Darstellung verwandtschaftlicher Beziehungen in eine hilfreichere und verständlichere Form bringen, müssen wir uns unbedingt mit der Quantenmechanik auseinandersetzen.

Die Quantenmechanik ist notwendig, weil wir es nicht umgehen können, uns über Atome zu unterhalten – und die Atome kann man als mikroskopische Teilchen nur mit Hilfe dieser Sprache beschreiben. Entsprechend dieser Theorie der Natur kann Energie auf ein Objekt nur in diskreten Portionen, den *Quanten*, übertragen werden, und nicht sanft und kontinuierlich, wie es die klassische Physik beschreibt. Zudem verschwimmen die in der makroskopischen Welt eindeutigen Unterschiede zwischen Teilchen und Wellen, und diese beiden Konzepte gehen ineinander über. In der Welt der Quanten zeigen die Objekte sowohl Eigenschaften von Wellen als auch von Teilchen, und abhängig von der Art der Beobachtung trifft die eine oder die andere Beschreibung eher zu. Im König-reich regieren die Quanten und der Welle-Teilchen-Dualismus, und um die Verwaltung sowie die Institutionen des Reiches verstehen zu können, müssen wir diese recht absonderlichen Ideen akzeptieren.

Wir haben bereits erkannt, daß ein Kieselstein des Königreiches – womit wir ein Atom eines Elements meinen – geisterhaft leer ist, aus mehr Raum als Materie besteht. Bei genauem Hinsehen entdecken wir einen sehr dichten, doch winzigen zentralen Kern, der von quasi leerem Raum umgeben ist. Dieser doch nicht völlig leere Raum wird von dem (für die Chemie) bedeutendsten Elementarteilchen durchdrungen, dem Elektron. Unser erstes grobes Bild eines Atoms eines Elements zeigt also einen kleinen Materiefleck – den Kern –, der von einer Elektronenwolke umgeben ist.

Die Existenz von Atomen wurde experimentell zum ersten Mal zu Beginn des 19. Jahrhunderts nachgewiesen, als der in Manchester lebende Schullehrer John Dalton sorgfältig die Massen von Substanzen bestimmte, die miteinander Verbindungen bildeten. Dalton konnte die Existenz der Atome nicht direkt nachweisen, sondern er schloß aus seinen Messungen, daß bestimmte unveränderliche Einheiten bei chemischen Reaktionen eine Rolle spielen. Heute gibt es viel direktere Wege, um die Existenz von Atomen zu beweisen, und unsere Instrumente – insbesondere sehr spezielle, hochentwickelte Mikroskope – können sie für alle sichtbar abbilden.

Die innere Struktur der Atome wurde mit Hilfe einer Reihe von Experimenten bestimmt, die Ende des 19. und zu Beginn des 20. Jahrhunderts durchgeführt wurden. Daß Elektronen Grundbausteine der Materie sind, wurde von J. J. Thompson an der Universität von Cambridge entdeckt. Er zeigte, daß bestimmte Elementarteilchen aus jedem Element abgelöst werden konnten. Dazu benutzte er einen Apparat, der als Vorgänger unserer modernen Fernseh-Kathodenstrahlröhren gelten kann. George Stoney taufte diese Elementarteilchen *Elektronen*, und in weiteren Untersuchungen konnten ihre Masse und negative Ladung bestimmt werden. In gewissem Sinn ist das ganze Königreich mit Elektronen bedeckt, und wir werden erkennen, daß die Persönlichkeit eines Elements durch die Anordnung der Elektronen bestimmt wird: Beim Helium zum Beispiel finden wir zwei Elektronen dicht beieinander, beim Magnesium sind ihrer zwölf versammelt. Michael Faraday wäre angesichts dieser Entdeckung sicherlich hocherfreut gewesen, denn als Erzgenie der Elektrizität war er fest davon überzeugt, daß dieses Phänomen auf gewisse Art und Weise an den Aufbau der Materie gekoppelt ist. Schließlich hatte die Elektrolyse gezeigt, daß man mit Hilfe des elektrischen Stromes Materie in unterschiedliche Zustände bringen kann. Durch die Arbeiten von Thomson wurde deutlich, daß Elektronen allgegenwärtig sind, daß die Materie sich irgendwie aus ihnen aufbaut und daß ein elektrischer Strom nichts anderes ist als eine Reihe von Elektronen auf Wanderschaft.

Als die Elektronen einst entdeckt wurden, ergaben sich zwei Probleme, wenn man ihre Rolle beim Aufbau der Atome untersuchen wollte. Zum einen war nicht bekannt, wie viele Elektronen in einem bestimmten Atom vorhanden waren. Da bekannt war, daß ein Elektron viele tausend Mal leichter ist als ein Atom, zog man in Betracht, daß sogar der Wasserstoff – das einfachste Element – Hunderte von Elektronen enthalten könnte. Heute wissen wir, daß dieses Element der kosmischen Urzeit nur ein Elektron besitzt. Das zweite Problem betraf die Natur der *positiven* elektrischen Ladung des Atoms, die ja vorhanden sein mußte, da Atome insgesamt elektrisch neutral sind. War diese – wie Thomson vermutete – eine geleeartige Masse positiver Ladung, in der Hunderte (oder Tausende) von Elektronen eingebettet sind, oder war diese Ladung stärker strukturiert, von kompliziertem Bau?

Die Natur blieb sich treu – es zeigte sich, daß diese Ladung kompliziert gebaut ist. 1910 beschäftigte sich Ernest Rutherford, ein begnadeter Experimentator, an der Universität von Manchester mit dem Problem, den Aufbau der Kiesel des Königreiches zu enträtseln. Unter seiner Anleitung arbeiteten zwei seiner Studenten, Hans Geiger und Edward Marsden, an einem Experiment: Sie beschossen eine dünne Goldfolie mit Alphateilchen – kleinen, positiv geladenen Partikeln, die sich beim radioaktiven Zerfall schwerer Elemente bilden. Die meisten dieser Teilchen durchdrangen die Folie ungehindert, doch einige wurden gestreut, und wenige wurden zurück in Richtung der Strahlungsquelle reflektiert. Rutherford nahm ursprünglich an, Geleeklümpchen passieren eine Schicht von Geleeklümpchen – wie Pudding, der gegen eine Wand aus Pudding geschleudert wird. Daher kann man sein Grübeln verstehen: »Es war der absolut unglaublichste Vorgang, den ich in meinem ganzen Leben beobachtet habe.« Die experimentellen Ergebnisse waren für ihn so überraschend, »als würde eine Fünfzehn-Zoll-Granate, die man auf ein Stück Seidenpapier abfeuert, plötzlich zurückkommen und einen verletzen.« Diese Klümpchen, wenn es sich überhaupt um Klümpchen handelte, hatten die außergewöhnliche Eigenschaft, Partikel zu reflektieren. Die nähere Untersuchung der Ergebnisse ließ Rutherford zu der Auffassung gelangen, daß ein Atom keinesfalls als kugeliger Klumpen aus weichem Gelee zu betrachten ist, sondern daß seine positive Ladung in einem dichten zentralen Fleck konzentriert ist und der restliche, weitaus größte Teil des Atoms aus leerem Raum besteht. Er veröffentlichte sein Kernmodell des Atoms, auch als *Rutherfordsches Atommodell* bekannt, im Jahre 1911. Nach diesem Modell besteht das Atom aus einem einzelnen, zentralen, punktartigen, hochdichten Kern, der die positive Ladung des Atoms trägt und der fast die gesamte Masse ausmacht. Dieser ist von einer dünnen Atmosphäre aus Elektronen umgeben, die genau so viele Elektronen enthält, wie zum Ausgleich der positiven Kernladung nötig sind. Jeder Kieselstein des Königreiches ist so gebaut – ein

Fleck, der elektrisch den fast leeren umgebenden Raum kontrolliert.

Rutherford war in der Lage, die positive Ladung der Goldkerne zu bestimmen: Sie enthielten einige Dutzend Ladungseinheiten. Daraus schloß er, daß die Atome nicht Tausende von Elektronen enthalten, sondern höchstens einige Dutzend. Diese Anzahl der Elektronen wurde in einem weiteren Experiment von einem anderen Schüler Rutherfords, dem jungen Physiker Henry Moseley, bestimmt – kurz vor seinem tragischen Ende durch die Kugel eines Heckenschützen bei Gallipoli. Indem er die Eigenschaften von Röntgenstrahlen untersuchte, die von den Atomen ausgesandt werden, war Moseley in der Lage, die positiven Ladungen des Atomkernes zu zählen. Somit war es ihm möglich, die zentrale Ordnungszahl, die *Kernladungszahl* eines Elements, zu bestimmen; seither wird die Kernladungszahl als Zahl der positiven Ladungen im Kern eines Atoms definiert. Wasserstoff hat, wie bereits erwähnt, die Kernladungszahl (Ordnungszahl) 1: Daher trägt sein Kern eine positive Ladungseinheit und wird von einem einzelnen Elektron umrundet, das diese Kernladung ausgleicht. Ein Kohlenstoffatom hat die Kernladungszahl 6; es besitzt also sechs positive Elementarladungen im Kern, der von sechs Elektronen umgeben ist, so daß die elektrische Neutralität des Atoms gewahrt bleibt. Die Kiesel an der Südküste des Königreiches besitzen Kernladungszahlen von ungefähr 100; also finden wir hier auch jeweils ungefähr 100 Elektronen, die diese Kerne umgeben.

Zu etwa derselben Zeit wurde es möglich, die Massen der Atomkerne genau und präzise zu messen. Nun konnte – nach mehr als einem Jahrhundert – die Hypothese John Daltons, daß alle Atome eines Elements identisch seien, überprüft werden. Zur allgemeinen Überraschung zeigte sich jedoch, daß Daltons Hypothese nicht haltbar war. Die Massen der Atome eines Elements folgten einer Verteilung um einen Mittelwert. Weil all diese Atome jedoch, ungeachtet ihrer Massen, zu einem Element gehörten, nannte man sie *Isotope* (nach dem griechischen Begriff für „am gleichen Platz“).

Einige Elemente, insbesondere die leichteren, besitzen nur ein oder höchstens zwei bis drei Isotope, doch die schwereren Elemente im südlichen Teil des Königreiches setzen sich oft aus einem Dutzend oder mehr Isotopen zusammen. Folglich ist – wie ja bereits zuvor vermutet – die Masse keine fundamentale Größe, die ein Element des Königreiches eindeutig beschreibt.

Die Beobachtung, daß ein Atom eines Elements durch eine eindeutige und charakteristische Kernladungszahl beschrieben wird, die Massen jedoch – wenn auch in engen Grenzen – variieren können, führte zu der Vermutung, daß der Atomkern selbst eine innere Struktur besitzt – daß er sich also aus weiteren Untereinheiten aufbaut. Man entwickelte ein Modell, nach dem der Kern positiv geladene Elementarteilchen, die *Protonen*, in der Zahl enthält, die der Kernladungszahl entspricht. Somit besitzen alle Atome des Wasserstoffes einen Kern, der ein Proton enthält, und die Kerne aller Atome des Kohlenstoffes enthalten sechs Protonen; die Atome des Urans haben Kerne, die 92 Protonen enthalten. Diese Zahl ist unveränderlich: Verändert man die Zahl, erhält man ein anderes Element. Diese Zahl allein bestimmt, um welches Element es sich handelt. Man stellte jedoch fest, daß jeder Kern eine unterschiedliche Zahl von *Neutronen* enthalten kann – Elementarteilchen, die einem Proton gleichen, jedoch keine Ladung tragen.

Die Anzahl der Neutronen in einem Kern berührt nicht die Identität eines Elements, hat aber einen Einfluß auf die Masse. Üblicherweise ist die Zahl der Neutronen in einem Kern ungefähr gleich groß (normalerweise etwas größer) wie die Zahl der Protonen; da die Zahl der Neutronen jedoch variieren kann, erhalten wir die Isotope. Kohlenstoff zum Beispiel besitzt immer mindestens sechs Neutronen neben seinen sechs Protonen, doch es sind auch Isotope mit sieben oder acht Neutronen bekannt. Die Möglichkeit, die Zahl der Neutronen zu variieren, ist im Süden des Königreiches am größten; denn hier sind verhältnismäßig mehr Neutronen nötig, um die protonenreichen, schweren Kerne stabil zu halten. Bei Uran zum Beispiel werden die 92 Protonen von ungefähr 150 Neutronen begeleitet, wobei der häufigste Wert bei 146 liegt.

Nun können wir erkennen, warum die Atommassen mehr oder weniger mit den periodischen Eigenschaften des Königreiches korrelieren, und auch, warum diese Korrelation nicht immer zutrifft. Als erstes müssen wir uns klarmachen, daß viele der Eigenschaften eines Elements durch Zahl und Anordnung der Elektronen vorgegeben werden, die den Kern umrunden. Denn diese lassen sich leicht umordnen, einige können sogar ganz entfernt werden. Da ein Atom immer elektrisch neutral ist, muß die Zahl der Elektronen der Zahl der Protonen im Kern entsprechen. Wir können somit vermuten, daß zwischen den Eigenschaften eines Elements und seiner Ordnungszahl beziehungsweise Kernladungszahl ein Zusammenhang besteht. Die Zahl der Neutronen in den Kernen dagegen wächst etwas schneller als die Zahl der Protonen. Auch die Zahl der Elektronen nimmt zu, gemeinsam mit der Gesamtzahl der Protonen und Neutronen, die die Masse des Atoms bestimmen. Somit finden wir eine Korrelation zwischen der Atommasse und den Eigenschaften eines Elements (die wiederum von seinen Elektronen bestimmt werden).

Einen entscheidenden Gesichtspunkt müssen wir noch betrachten: Nicht immer läßt die Bestimmung der Atommassen Rückschlüsse auf die Masse der einzelnen Atome zu. Wir messen stattdessen eine *mittlere Atommasse*, da eine solche Probe in der Regel mehrere verschiedene Isotope enthält. Niemand garantiert uns, daß diese mittlere Atommasse exakt mit der Ordnungszahl zunimmt; daher können wir geringe Abweichungen in der Landkarte der Massen erwarten. Die Korrelation der Eigenschaften mit den Atommassen ist daher fehlerbehaftet, wie Mendelejew auch eingestehen mußte. Er hatte angenommen, daß einige der Werte nicht korrekt bestimmt waren. Wir können jedoch – Dank der inzwischen erlangten Übersicht – die Gründe für die Abweichungen erkennen und erklären.

9 Die äußere Ordnung

Wir müssen nun unsere Aufmerksamkeit auf die viel größere, den Atomkern umgebende Region richten – auf den Raum, der von den Elektronen bevölkert ist. Hier spielt sich die Chemie ab, und hier liegen die Gründe für die Unterschiede oder Ähnlichkeiten der Elemente des Königreiches verborgen. Den meisten von uns drängt sich immer noch ein typisches Bild auf, wenn sie sich Atome vorstellen: Kleine Elektronen umrunden planetengleich einen Kern, der den Platz der Sonne einnimmt – ein Bild, das 1904 der japanische Physiker Hantaro Nagaoka vorgeschlagen hatte. Dieser Vergleich kennzeichnet die zu Beginn der Entwicklung der Atomtheorie herrschende Ansicht; mit dem Aufkommen der Quantenmechanik wurde dieses Bild durch ein völlig anderes Konzept ersetzt. Da Elektronen auch Eigenschaften von Wellen zeigen, verzichtet dieses neue Konzept darauf, den Elektronen exakte Bahnen zuzuordnen. Das Modell, das wir nun beschreiben wollen, geht auf den österreichischen Physiker Erwin Schrödinger zurück, der es 1926 erstmals formulierte, und bis auf wenige Verbesserungen ist es auch heute noch das allgemein akzeptierte Modell für den Aufbau der Atome.

In der heute üblichen Darstellung eines Wasserstoffatoms – ein Atom mit einem Elektron und einem Kern aus einem Proton – ist das Elektron über eine kugelige Wolke verteilt, die den Kern umgibt. Die Dichte dieser Wolke läßt sich als die Wahrscheinlichkeit interpretieren, mit der das Elektron an einem bestimmten Ort anzutreffen ist. Am Kern ist die Wolke am dichtesten, und sie wird dünner, je weiter wir uns von ihm entfernen. Der Ort, an dem sich das Elektron mit größter Wahrscheinlichkeit aufhält, ist also der Kern selbst. Diese wolkenartige Verteilung eines Elektrons nennt man *Atomorbital.* Der Name „Orbital“ wurde gewählt, um die im Vergleich zum „Orbit“ eines Planeten weniger exakte Beschreibung zu unterstreichen; man sollte jedoch diese Ungenauigkeit nicht fehlinterpretieren. Die Dichte der Wolke kann für jeden beliebigen Punkt exakt bestimmt werden, und daher ist die Form des Orbitals genau bekannt. Die Ungenauigkeit ist auf die Interpretation des Orbitals in bezug auf die Angabe des Aufenthaltsortes des Elektrons zurückzuführen. Wir können nicht sicher sagen, daß wir ein Elektron tatsächlich an einem bestimmten Ort finden; wir können lediglich eine Aussage über die *Wahrscheinlichkeit* treffen, mit der es sich dort aufhalten wird.

Manchmal wird behauptet, dieser Mangel an Präzision weise darauf hin, daß man grundsätzlich kein Objekt vollständig exakt beschreiben kann. Eine zutreffendere Interpretation besagt, daß uns die klassische Darstellung dahingehend fehlleitet, exaktere Beschreibungen von Objekten zu erwarten, als sie tatsächlich möglich sind. Meiner Ansicht nach ist es hilfreich, die Quantenmechanik als das Modell anzusehen, das uns über die wahren Verhältnisse im Königreich Auskunft gibt, wogegen die klassische Mechanik mehr Wissen verspricht, als sie letztlich liefern kann.

Wasserstoff kann uns zwar als Modell für all die anderen Atome des Königreiches dienen, doch bevor wir mit unserer Betrachtung fortfahren können, benötigen wir zu verschiedenen Punkten noch genauere Informationen. Erstens sollten wir wissen, daß ein kugelförmiges Orbital wie das des Wasserstoffes als *s-Orbital* bezeichnet wird. Auch wenn sich die Annahme aufdrängt, *s* steht für „sphärisch“, so ist dies nur ein Zufall. Die tatsächliche Herkunft der Bezeichnung liegt tief in der Geschichte der Spektroskopie verborgen. Hier steht das *s* für „scharf“ – ein Attribut, das die Form bestimmter Spektrallinien beschreibt.

Als nächstes sollten wir wissen, daß Orbitale viele verschiedene Formen zeigen können. Es gibt sogar viele verschiedene Arten kugeliger *s*-Orbitale. Wenn wir zum Beispiel genügend Energie in ein Wasserstoffatom pumpen, können wir das Elektron in eine zweite Sorte von *s*-Orbitalen anheben. Da das erste Orbital 1*s*-Orbital genannt wird, ist es folgerichtig, das zweite als 2*s*-Orbital zu bezeichnen. Zeigt ein Elektron eine Verteilung, die diesem 2*s*-Orbital entspricht, sagt man, das Elektron besetze ein 2*s*-Orbital. Bei noch höherer Energie kann das Elektron dazu gezwungen werden, ein 3*s*-Orbital zu besetzen; dieses besteht aus einer zentralen Wolke, die von zwei kugelförmigen, wolkenartigen Hüllen umgeben ist. Bei noch höheren Energien erreicht man weitere *ns*-Orbitale (Abbildung 9.1).

Nun sind wir bei einer Schwierigkeit angelangt – einer von vielen, die wir überwinden müssen, um die Struktur des Königrei-

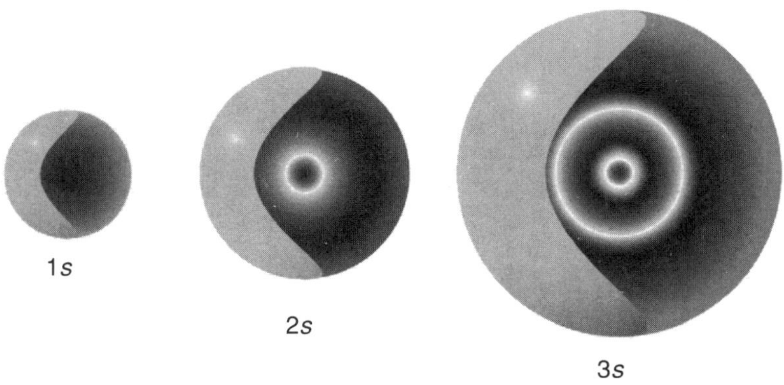

9.1 Eine Darstellung der Elektronenverteilungen in 1*s*-, 2*s*- und 3*s*-Orbitalen. Alle Orbitale sind kugelsymmetrisch, und in jedem dieser Orbitale kann sich das eine Elektron des Wasserstoffatoms beim Kern aufhalten, der im Zentrum der inneren Wolke liegt. Die dunkle Schattierung verdeutlicht die Bereiche, in denen sich das Elektron am wahrscheinlichsten aufhält; für diese Darstellung wurde durch das Orbital eine Ebene gelegt, die den Kern schneidet.

ches zu verstehen. Wenn wir dem Elektron genügend Energie zuführen, so daß es das 2*s*-Orbital besetzten kann, dann kann es stattdessen auch eine Wolke von völlig anderer Gestalt einnehmen – ein aus zwei Orbitallappen bestehendes *p*-Orbital. Es existieren drei dieser zweilappigen Orbitale, die sich darin unterscheiden, auf welcher Achse eines dreidimensionalen Koordinatensystems (der *x*-, *y*- oder *z*-Achse) die Orbitallappen liegen; sie werden dementsprechend als $2p_x$-, $2p_y$- und $2p_z$-Orbital bezeichnet. Das *p*-Orbital zeigt eine interessante und scheinbar triviale Eigenart, die jedoch – wie wir später erkennen werden – für den Aufbau des Königreiches von großer Bedeutung ist: Auf der Ebene, die den Kern schneidet und die beiden Orbitallappen trennt, ist das Elektron nie zu finden. Diese Ebene wird *Knotenebene* genannt. Ein *s*-Orbital besitzt keine Knotenebene, und ein Elektron in einem *s*-Orbital kann sich am Kern aufhalten (Abbildung 9.2). Jedes der *p*-Orbitale besitzt eine Knotenebene, und daher wird sich ein Elektron, das ein *p*-Orbital besetzt, nie am Kern aufhalten. Wie wir später sehen werden, liegen in solchen geringen Unterschieden die Ursprünge mächtiger Reiche.

Führt man einem Wasserstoffatom entsprechend viel Energie zu, kann das Elektron ein 3*s*-Orbital besetzen. Mit diesem Energieinhalt kann das Elektron aber auch jedes der drei 3*p*-Orbitale besetzen, die im wesentlichen aufgeblasene Versionen der gerade beschriebenen 2*p*-Orbitale sind; es kann aber auch noch komplexere Verteilungen zeigen. Durch seinen hohen Energieinhalt hat das Elektron jetzt die Freiheit, auch eines der fünf vierlappigen *d*-Orbitale zu besetzten. Warum gerade fünf dieser *d*-Orbitale existieren, ist schwer bildhaft darzustellen; Tatsache ist, daß es fünf gibt.

Die Möglichkeiten, die sich für die Verteilung eines Elektrons in einem Wasserstoffatom bieten, treten nun klar hervor. In seinem niedrigsten Energiezustand – dem *Grundzustand* des Atoms – zeigt das Elektron eine kugelförmige, wolkenartige Verteilung, die für das 1*s*-Orbital charakteristisch ist. Führen wir Energie zu, bläst

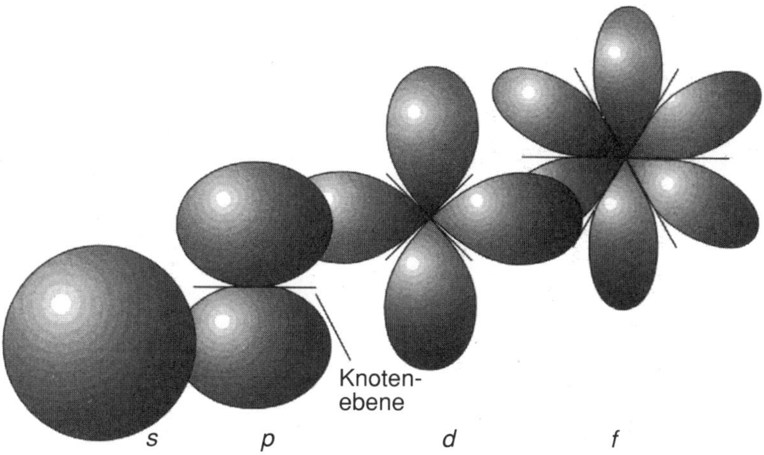

9.2 Die Grundformen von *s*-, *p*-, *d*- und *f*-Orbitalen. Tatsächlich gibt es drei *p*-Orbitale, fünf *d*-Orbitale und sieben *f*-Orbitale, die sich zum Teil in ihrem Energieinhalt unterscheiden; hier ist nur jeweils ein Vertreter gezeigt. Die beiden Lappen des *p*-Orbitals befinden sich auf beiden Seiten einer Knotenebene, die den Kern schneidet. Ein *d*-Orbital weist zwei und ein *f*-Orbital vier solcher Knotenebenen auf.

sich die Elektronenverteilung zu einem größeren *s*-Orbital auf – dem 2*s*-Orbital. Alternativ kann auch eines der drei 2*p*-Orbitale besetzt werden. Bei noch höherem Energieinhalt nimmt die Elektronenverteilung entweder die Form des 3*s*-Orbitals, eines der drei 3*p*-Orbitale oder eines der fünf 3*d*-Orbitale an. Nochmalige Energiezufuhr eröffnet dem Elektron die Möglichkeiten, das 4*s*-Orbital, eines der drei 4*p*-Orbitale, eines der fünf 4*d*-Orbitale oder eine der sieben sechslappigen Verteilungen zu besetzen, die *f*-Orbitale genannt werden.*

* Wie bereits angemerkt, steht *s* für den spektroskopischen Begriff „scharf" (englisch *sharp*). Die Bezeichnungen *p*, *d* und *f* stehen jeweils für Eigenschaften, die im Englischen als *principal*, *diffuse* und *fine* bezeichnet werden.

Man kann dieses Spiel zwar noch weiter treiben, doch können wir für unsere Betrachtungen darauf verzichten.

Es könnte Kopfzerbrechen bereiten, warum wir so viel Zeit darauf verwenden, uns mit den energetisch angeregten Zuständen des Wasserstoffatoms zu beschäftigen, wenn doch nahezu jedes Wasserstoffatom im Universum in seinem Grundzustand vorliegt. Was um alles in der Welt hat die Struktur des Königreiches – mit seinen 112 verschiedenen Regionen, von denen nur eine auf den Wasserstoff entfällt – mit Zuständen des Wasserstoffatoms zu tun, in denen selbst dieses Atom kaum jemals angetroffen wird? Daß wir unsere Zeit sehr wohl gut genutzt haben, können wir erkennen, wenn wir uns kurz mit bestimmten Buchstaben und bestimmten Zahlen beschäftigen.

Betrachten wir zuerst die Buchstaben: Die Orbitale, die einem Elektron in einem Wasserstoffatom zur Verfügung stehen, werden – entsprechend der Zahl ihrer Orbitallappen – mit den Buchstaben *s*, *p*, *d* und *f* bezeichnet. Nach diesen Buchstaben sind offiziell auch der Westliche und Östliche Block, die Landenge und die Südinsel benannt. Die Verwendung dieser Buchstaben ist kein Zufall, und es wird nicht lange dauern, bis wir die Beziehung zwischen dem energetischen Niemandsland (oder zumindest Quasi-Niemandsland) des Wasserstoffes und dem Aufbau des Königreiches erkennen werden.

Als nächstes wollen wir uns mit den Zahlen beschäftigen. Für ein Elektron im Grundzustand steht nur ein Orbital zur Verfügung, im nächsten angeregten Zustand sind es vier. Eine Beziehung wird deutlich: In der ersten Periode finden wir zwei Elemente (Wasserstoff und Helium), in der zweiten Periode sind es acht Elemente (von Lithium bis Neon) – die doppelte Zahl an Orbitalen, die wir gerade erwähnt haben. Tatsächlich finden wir jeweils acht Elemente in jeder Reihe, wenn wir nur den Östlichen und den Westlichen Block betrachten. Kann das Zufall sein, daß die Zahl der Gruppen im *s*-Block gerade doppelt so hoch ist wie die Zahl der *s*-Orbitale eines bestimmten Energieinhaltes, und die Zahl der Gruppen im *p*-

Block ebenso das Doppelte der Zahl der *p*-Orbitale bei einem bestimmten Energieinhalt beträgt? Betrachten wir den *d*-Block. In jeder Periode wird die Landenge von je zehn Elementen gebildet, und das entspricht gerade der doppelten Zahl der *d*-Orbitale, die bei einem bestimmten Energieniveau zur Verfügung stehen. Etwas Lustiges scheint uns im *f*-Block, der Südinsel, zu erwarten: Hier finden wir 15 Elemente in einer Periode, statt der 14, die wir aufgrund der sieben *f*-Orbitale vermuten sollten. Wie wir bereits früher angedeutet haben, wird in dieser Region des Königreiches noch um Zugehörigkeiten gekämpft, und so ist die Aufteilung des Landes zwischen Insel und Festland noch nicht letztlich geklärt. Die Gesamtzahl der Elemente in der 6. Periode, die auch die umkämpften Regionen umfaßt, beträgt 32. Dies ist exakt das Doppelte der Summe aller Orbitale: $1 + 3 + 5 + 7 = 16$. Daher wird lediglich um deren Verteilung gestritten; die Gesamtzahl richtet sich streng nach der Anzahl der zur Verfügung stehenden Orbitale.

Hier scheinen wir nun der Regierung des Königreiches hart auf der Spur zu sein – zumindest was die Struktur seiner Verwaltungseinheiten, die Anordnung der Blöcke, angeht. Doch wo liegt nun die Bedeutung der angeregten Zustände des Wasserstoffatoms für das Königreich? An dieser Stelle wollen wir die Argumentationsketten zusammenführen, ein weiteres, ganz besonderes Gesetz vorstellen und schließlich die Zusammenhänge offenlegen.

Wir wollen nun ein Schema anwenden, das allgemein als das *Aufbauprinzip* bekannt ist und 1913 von dem dänischen Physiker Niels Bohr eingeführt wurde. In der Vorstellung der Chemiker kann man das Königreich aufbauen, indem man ein Elektron nach dem anderen in Orbitale einbringt, wie wir sie beim Wasserstoffatom beschrieben haben. So erhalten wir beispielsweise das zwei Elektronen besitzende Element Helium, indem wir das erste Elektron in ein 1*s*-Orbital einbringen und dann erlauben, daß dieses Orbital auch von dem zweiten Elektron besetzt wird. Wenn wir die Struktur des Wasserstoffatoms mit $1s^1$ angeben (die hochgestellte

Ziffer bezeichnet die Anzahl der Elektronen, die das Orbital enthält), dann wäre die Struktur des Heliums $1s^2$. Die $1s$-Orbitale der beiden Atome sind zwar nicht exakt gleich, da der höher geladene Kern des Heliums die Elektronenwolke dichter an sich zieht, doch die Grundform ist dieselbe, und daher macht eine solche Notation Sinn.

Nun wollen wir das Lithium betrachten, ein Atom mit drei Elektronen. Dieses Element wird uns zwei wichtige Dinge über das Königreich verraten. Zum einen müssen wir wissen, daß das dritte Elektron nicht auch noch in dem bereits doppelt besetzten $1s$-Orbital Platz findet. Eine Grundregel des Königreiches lautet (in Anklang an die Arche Noah): Elektronen können Orbitale paarweise besetzen, doch in einem bereits mit zwei Elektronen besetzten Orbital findet kein weiteres mehr Platz. Dies wurde von dem in Österreich geborenen Physiker Wolfgang Pauli 1924 als das sogenannte *Pauli-Verbot* formuliert: Jedes Orbital kann von höchstens zwei Elektronen besetzt werden. Hier treffen wir auf ein tief in der Quantenmechanik verwurzeltes Prinzip, dessen Fundamente bis auf die Raum-Zeit-Struktur zurückgehen. Vielleicht ist es sogar die fundamentalste aller Regeln, die das imaginäre Königreich regieren, und somit – da das Königreich nicht nur ein reines Phantasieprodukt ist – auch unsere reale Welt. Es gibt keinen Weg, sich diesem Prinzip zu entziehen: Es wurde uns als ein in Stein graviertes Axiom herabgereicht – von welcher Hand dieses Axiom auch immer geschrieben worden war.

Aus dem Pauli-Verbot folgt, daß die Elektronenkonfiguration des Lithiums nicht $1s^3$ sein kann; diese Anordnung von drei Elektronen in einem Orbital ist nicht möglich. Das dritte Elektron muß ein Orbital höherer Energie besetzen. Sofort wird deutlich, warum unsere Betrachtungen der energetisch angeregten Zustände des Wasserstoffatoms von Relevanz sind: Das Pauli-Verbot zwingt neu hinzukommende Elektronen, Orbitale immer höherer Energien zu besetzen. Die Frage, mit der wir nun konfrontiert werden, lautet: Welches der vier möglichen Orbitale in diesem Energiebereich (das $2s$-Orbital und die drei zweilappigen $2p$-Orbitale) wird nun vom dritten Elektron besetzt? Im Wasserstoff haben alle vier Orbitale dieselbe Energie, so daß die Wahl schwerfällt. In Atomen jedoch, die mehr als ein Elektron enthalten, sind diese vier Orbitale nicht mehr energetisch äquivalent.

An diesem Punkt wird der Zusammenhang zwischen dem Aufbau des Königreiches und der Existenz von Knotenebenen deutlich. Erinnern Sie sich daran, daß sich ein Elektron in jedem beliebigen s-Orbital in Kernnähe aufhalten kann, ein Elektron in jedem anderen Orbital dagegen nicht? Betrachten Sie unter diesem Gesichtspunkt ein Elektron in dem $2s$-Orbital des Lithiums. Die größte Aufenthaltswahrscheinlichkeit finden wir in der kugelsymmetrischen, schalenförmigen Wolke, die das mit zwei Elektronen besetzte $1s$-Orbital umgibt. Diese zwei Elektronen neutralisieren zwei positive Elementarladungen des Kernes. In der Folge verspürt das äußerste Elektron (das $2s$-Elektron) nur die Anziehung einer teilweise neutralisierten oder *abgeschirmten* Kernladung. Doch auch das $2s$-Orbital besitzt einen zentralen Kernbereich (erinnern Sie sich an Abbildung 9.1), was bedeutet, daß sich ein Elektron in diesem Orbital mit einer von Null verschiedenen Wahrscheinlichkeit in unmittelbarer Kernnähe aufhalten kann und dann auch die volle Anziehungskraft des Kernes verspürt. Für ein $2s$-Elektron, ist der Kern also nur teilweise abgeschirmt: Die Durchdringung hebt die Abschirmung zum Teil wieder auf.

Nun wollen wir ein $2p$-Elektron betrachten (ein Elektron, daß ein $2p$-Orbital besetzt). Solch ein Elektron ist aus der Nähe des Kernes verbannt, was auf die Existenz der Knotenebene zurückzuführen ist. Dieses Elektron ist gegenüber der Kernladung vollständiger abgeschirmt und daher weniger fest gebunden. Anders gesagt besitzt ein $2s$-Orbital aufgrund der Wechselwirkung von Abschirmung und Durchdringung eine geringere Energie (das Elektron in diesem Orbital wird fester gebunden) als ein $2p$-Orbital. Daher besetzt das dritte und letzte Elektron des Lithiums das $2s$-Orbital, und seine Elektronenstruktur ist $1s^2 2s^1$.

Die Lektion, in der wir uns mit dem Nordwestkap des Königreiches beschäftigen, lohnt, wiederholt zu werden, denn sie ist sehr lehrreich. Wenn wir diese Lektion verstanden haben, können wir augenblicklich den Aufbau des gesamten Königreiches nachvollziehen (nun, zumindest fast augenblicklich), indem wir das Aufbauprinzip anwenden. Zum einen wird die Besetzung der Orbitale durch das Pauli-Verbot bestimmt – jedes beliebige Orbital darf nie mit mehr als zwei Elektronen besetzt werden. Zum zweiten bewirkt das Zusammenspiel von Abschirmung und Durchdringung, daß das $2s$-Orbital energetisch etwas tiefer liegt als die p-Orbitale desselben Energiebereichs. Dehnt man diese Beobachtung auf die Fälle aus, in denen andere Orbitaltypen eine Rolle spielen, werden wir feststellen, daß ns- und np-Orbitale immer energetisch tiefer liegen als nd-Orbitale und diese wiederum energetisch tiefer als nf-Orbitale. Ein s-Orbital besitzt keine Knotenebene, und die Elektronen können sich daher beim Kern aufhalten. Ein p-Orbital hat eine Knotenebene, und die Elektronen sind aus unmittelbarer Nähe des Kernes ausgeschlossen. Ein d-Orbital besitzt zwei sich schneidende Knotenebenen, und der Bereich, aus dem das Elektron ausgeschlossen wird, ist größer. Ein f-Orbital hat drei Knotenebenen, und folglich ist der Ausschlußbereich noch größer.

Nun sind wir ausreichend gewappnet, um das Königreich wissend zu durchschreiten. Wir waren bereits beim Lithium angekommen, dessen einzelnes $2s$-Elektron die innere Wolke der zwei $1s$-Elektronen einhüllt. Wir wollen nun diesen inneren, heliumartigen Rumpf als [Helium] – oder, noch knapper, als [He] – bezeichnen; die Elektronenstruktur des Lithiums läßt sich somit als $[He]2s^1$ schreiben, was uns anzeigt, daß ein einzelnes Elektron einen inneren, edelgasartigen Rumpf umrundet. Bei dem Aufbau des Berylliums (vier Elektronen) kann das vierte Elektron das $2s$-Orbital mit dem dritten Elektron teilen; der Grundzustand – der Zustand niedrigster Energie, den die Atome üblicherweise einnehmen – läßt sich also als $[He]2s^2$ beschreiben. Das $2s$-Orbital ist nun voll besetzt, und wir sind am östlichen Ende des Westlichen Blockes angekommen. Das nächste Elektron – nun sind wir beim Bor mit seinen fünf Elektronen – wird eines der drei $2p$-Orbitale besetzen, die mit ihrer nur wenig höheren Energie schon bereitstanden. Somit ist der Grundzustand des Bors [He]$2s^2 2p^1$.

Hier sind zwei Anmerkungen vonnöten. Die weniger wichtige betrifft die Reihenfolge, in der die $2p$-Orbitale besetzt werden: Alle drei haben dieselbe Energie und unterscheiden sich nur in der räumlichen Lage ihrer Lappen; daher ist es egal, welches Orbital zuerst besetzt wird. Die wichtigere Anmerkung bezieht sich auf die Tatsache, daß wir uns in dem Moment, in dem wir beginnen, die p-Orbitale aufzufüllen, am westlichen Ende des Östlichen Blockes befinden – also am Anfang des p-Blockes! Nun erkennen wir den Grund für die Bezeichnung der Blöcke: Sie bezieht sich auf die Art der Orbitale, die im jeweiligen Block des Königreiches nach und nach durch die Elektronen aufgefüllt wird.

Im Östlichen Block finden wir sechs Gruppen. Es gibt drei $2p$-Orbitale, von denen jedes zwei Elektronen beherbergen kann. Während wir nach Osten wandern – vom Bor über Kohlenstoff über Stickstoff über Sauerstoff zum Fluor – füllen wir jeweils ein weiteres Elektron in die drei $2p$-Orbitale ein. Schließlich erreichen wir das Neon. Wir füllen das sechste p-Elektron auf und erhalten damit als Elektronenstruktur des Grundzustands für dieses Atom [He]$2s^2 2p^6$. Nun sind die $2p$-Orbitale aufgefüllt, und – tatsächlich! – wir sind am östlichen Ende des Östlichen Blockes angelangt. Damit wir es später einfacher haben, werden wir die neonartige Elektronenkonfiguration als [Ne] bezeichnen.

An dieser Stelle unserer Reise hat der Reisebegleiter eine kurze Pause eingeplant, um zwei Gesichtpunkte näher auszuführen. Der eine betrifft die Numerierung der Gruppen, also der senkrechten Spalten unserer Landkarte. Wir sollten uns an Kapitel 7 erinnern, wo wir gelernt haben, daß die Gruppen des Westlichen und des Östlichen Blockes manchmal mit den römischen Ziffern I bis VIII belegt werden. Wir können nun erkennen, daß diese Zahlen exakt der Anzahl der Elektronen im äußersten Orbitalbereich entsprechen. So besitzt Lithium (Gruppe I) ein Elektron außerhalb seines inneren Rumpfes, Beryllium (Gruppe II) hat derer zwei, Bor (Gruppe III) besitzt insgesamt drei (zwei *s* und ein *p*). Dies kann man bis in den fernen Osten fortsetzen, hin zum Neon (Gruppe VIII) mit seinen acht Elektronen. Die Tatsache, daß die Gruppennummer die Anzahl der Elektronen im äußersten Bereich eines Atoms wiedergibt, ist der wichtigste Grund, der für die Beibehaltung dieser alten Zählweise spricht. Der zweite Gesichtspunkt betrifft die Zählweise der Perioden (der horizontalen Reihen), die – wie bereits erwähnt – im Norden bei 1 beginnt und sich nach Süden zu immer höheren Zahlen hin fortsetzt. Die Nummer der Periode entspricht dabei der Nummerierung der Orbitale, die die äußere Region der Atome bilden. So wird in der 1. Periode (Wasserstoff und Helium) das 1*s*-Orbital besetzt. In der 2. Periode werden, wie zuvor gezeigt, die 2*s*- und 2*p*-Orbitale aufgefüllt. Wir können nun folgern, daß in den nachfolgenden Reihen die 3*s*-, 4*s*- und höhere Orbitale besetzt werden. Die Nummer der Periode entspricht also der Nummer, die die Zahl der kugelförmigen, schalenartigen Strukturen eines Atoms beschreibt.

Nun wollen wir unsere Reise fortsetzen. Das elfte Element ist das Natrium; es hat elf Elektronen, eines mehr als das Neon. Die 2*s*- und 2*p*-Orbitale des Neons sind bereits voll besetzt; daher findet hier das zusätzliche Elektron keinen Platz. Tatsächlich sind in diesem Energieniveau keine Orbitale mehr frei, und – bedingt durch das Pauli-Verbot – muß das neue Elektron Orbitale höherer Energie besetzten. Es belegt also das nächste erreichbare Orbital, das (als Konzequenz von Abschirmung und Durchdringung) das 3*s*-Orbital ist. Man kann somit erwarten, daß die Elektronenkonfiguration des Grundzustands des Natriumatoms $[Ne]3s^1$ ist.

Auch an dieser Stelle beharrt unser umsichtiger Reisebegleiter auf einer Unterbrechung der Reise: Plötzlich kommt eine ganz besondere Eigenart des Königreiches in Sicht. Als wir das letzte Elektron zugefügt haben, erhielten wir eine Struktur, die wir bereits früher auf unserer Reise bei einem Atom angetroffen haben, nämlich beim Lithium. Lithium besitzt die Elektronenkonfiguration $[He]2s^1$; ein einzelnes s-Elektron umgibt einen edelgasartigen Rumpfbereich. Natrium hat die Elektronenkonfiguration $[Ne]3s^1$; ein einzelnes s-Elektron umgibt einen edelgasartigen Rumpfbereich. Damit sind wir auf eine Periodizität der Strukturen gestoßen: Analoge Elektronenstrukturen der Atome kehren in dem Königreich periodisch wieder. Tatsächlich können wir nun begreifen, warum Natrium in derselben Gruppe wie Lithium zu finden ist: *Sie weisen analoge Elektronenstrukturen auf.*

Wir beginnen zu erahnen, daß die gesamte Grundlage des Königreiches – das periodische Auftreten von Eigenschaften – der Ausdruck eines tiefer liegenden Rhythmus ist: der Periodizität der Elektronenstrukturen. Nachdem unser Reisebus langsam Fahrt entlang diesem eindrucksvollen, wissenverheißenden Panorama aufgenommen hat, entfaltet sich vor unseren staunenden Augen nach und nach die ganze Wahrheit. Wir fahren weiter in die Region 12, zum Magnesium. Die Konfiguration seines Grundzustands ist $[Ne]3s^2$ – wie erwartet die Entsprechung zu Beryllium ($[He]2s^2$), das sich direkt nördlich von ihm befindet. Element 13 ist das Aluminium; das zusätzliche Elektron muß in einem $3p$-Orbital untergebracht werden, da das $3s$-Orbital bereits komplett belegt ist. Daher erwarten wir, das Aluminium an dem westlichen Ende des Östlichen Blockes anzutreffen, denn mit seiner Elektronenkonfiguration $[Ne]3s^23p^1$ müßte es direkt südlich des Bors ($[He]2s^22p^1$) liegen. Und da ist es auch! Dieses Muster setzt sich über den gesamten Östlichen Block fort, und bei Argon ($[Ne]3s^23p^6$) sind die s- und p-Orbitale des dritten Energiebandes gefüllt, so daß wir einmal mehr an der Küstenebene der Edelgase stehen.

Es gibt nur wenige Panoramen im Königreich, die eindrucksvoller sind als das gerade betrachtete. Das Königreich wurde einst als Schema empirisch ermittelter Tendenzen errichtet, als Darstellung verwandtschaftlicher Beziehungen, als Geflecht von Bündnissen. Es basiert – wie bisher nur zum Teil erkenntlich wurde – auf einer großen Summe chemischer Beobachtungen. Nun können wir, mit einer erstaunlich kleinen Zahl von Konzepten – Atomorbitalen, dem Pauli-Verbot und den Folgen von Abschirmung und Durchdringung –, das Königreich vollständig begreifen. Es ist eine bewundernswerte Leistung, mit einem so winzigen Vorrat von Konzepten all die Beobachtungen von Döbereiner, Newlands, Odling, Meyer und Mendelejew erklären zu können.

Ihr Reisebegleiter muß Ihnen auch noch einige weniger bedeutende Eigenarten des Landes näherbringen. Es betrifft die Sprache. Sie sollten die folgenden Begriffe kennenlernen: Was wir bisher in bezug auf die Orbitale als Energiebänder oder Energieniveaus angesprochen haben, nennt man tatsächlich eine *Schale*. Das 1*s*-Orbital (das einzige Orbital in diesem Energieniveau) bildet somit die erste Schale eines Atoms, die 2*s*- und 2*p*-Orbitale des zweiten Energiebandes formen gemeinsam die zweite Schale und die 3*s*, 3*p*- und 3*d*-Orbitale zusammen die dritte Schale. Der Aufbau eines Atoms gleicht dem einer Zwiebel: Die zweite Schale umhüllt die erste, die dritte die zweite und so weiter. Die Gruppen von Orbitalen desselben Typs (mit gleicher Anzahl von Orbitallappen) in einer Schale bilden eine *Unterschale*. Die zweite Schale teilt sich somit in zwei Unterschalen: Das 2*s*-Orbital bildet die eine und die Gesamtheit der 2*p*-Orbitale die zweite Unterschale. Ist eine solche Unterschale mit der maximalen Zahl von Elektronen besetzt (zwei bei einer *s*-Unterschale, sechs bei einer *p*-Unterschale, zehn bei einer *d*-Unterschale und vierzehn bei einer *f*-Unterschale), dann bezeichnet man die Unterschale als abgeschlossen. Sind sowohl die *s*- als auch die *p*-Unterschale einer Schale vollständig besetzt, so betrachtet man die entsprechende Schale als abgeschlossen. Die *d*- und *f*-Unterschalen werden dabei etwas anders behandelt als ihre dominanteren Vettern der *s*- und *p*-Unterschalen, da sie – entsprechend einer Übereinkunft – nicht vollständig gefüllt sein müssen, um die entsprechende Schale als abgeschlossen zu bezeichnen. Zu guter Letzt bezeichnet man die äußerste Schale eines Atoms – die Schale, in deren Orbitale entsprechend dem Aufbauprinzip die letzten Elektronen eingefüllt wurden – als *Valenzschale*, und alle weiter innen liegenden Elektronen bilden den *Rumpf*. Der Begriff der *Valenz* wird nochmals eine Rolle spielen, wenn wir die Bindungen diskutieren, die ein Atom eingehen kann. Daß dieser Begriff für die äußersten Elektronen verwendet wird, spiegelt die Tatsache wider, daß diese bei der Bindungsbildung die entscheidende Rolle spielen.

Nun reichen unsere Spachkenntnisse aus, um uns auf unserer Reise von Block zu Block über die Landenge besser artikulieren zu können. Wir setzen unsere Reise am Ende der 3. Periode fort, beim Edelgas Argon – hier ist die dritte Schale abgeschlossen. Diese Elektronenkonfiguration bezeichnen wir als [Ar]. Ein Proton mehr im Kern, und folglich ein weiteres Elektron, versetzt uns zurück in den entfernten Westen, zum Kalium. Seine Struktur ist $[Ar]4s^1$, also analog den Strukturen seiner nördlichen Nachbarn. Als nächstes folgt Calcium, $[Ar]4s^2$, der südliche Vetter des Berylliums und des Magnesiums. An diesem Punkt jedoch ändert sich der Rhythmus des Königreiches.

Nun ist es endlich an der Zeit, die $3d$-Orbitale zu besetzen; anstatt daß unser Reisebus direkten Kurs zum Östlichen Block nimmt, holpern wir über die westlichen Stützmauern der Landenge. Jetzt werden die fünf $3d$-Orbitale einfach besetzt, und wir passieren Scandium ($[Ar]4s^23d^1$), dann Titan ($[Ar]4s^23d^2$) und so weiter, bis wir beim Zink ($[Ar]4s^23d^{10}$) ankommen. Nun ist auch die $3d$-Unterschale komplett gefüllt, und die weiteren Elektronen werden gezwungen, die $4p$-Orbitale zu besetzen. Wir sind wieder im Östlichen Block (dem p-Block) angelangt und durchqueren bekannte Regionen, bis wir beim Krypton anhalten. Beachtenswert ist die Selbstverständlichkeit, mit der diese erste lange Periode, die erste Reihe der Landenge, im Königreich auftaucht. Daß neue Phänomene zu ihrer Erklärung keine neuen Regeln erfordern, ist in der Wissenschaft ein Zeichen von wahrer Stärke.

Nun kennen wir auch das Muster für den Aufbau der südlichen Hälfte des Königreiches; in der nächsten Reihe, der 5. Periode, wiederholt sich die gerade eben beschriebene Struktur, und die 4*d*-Orbitale stehen zur Besetzung an. Tief im Verborgenen des Königreiches geben das Pauli-Verbot und die Knotenebenen den Takt an, nach dem – weit oben im Raum der Sinne – die Elemente tanzen.

In der 6. Periode dringt jedoch plötzlich wieder ein anderer Rhythmus an unser Ohr. Hier stehen zu guter Letzt die sechslappigen *f*-Orbitale bereit, und die Umrisse der Südinsel zeichnen sich ab. Vierzehn Elektronen sind nötig, um den etwas zwielichtigen nördlichen Küstenstreifen zu vervollständigen. Nun befinden wir uns wieder auf der Landenge – die *f*-Unterschale voll gefüllt –, doch auch ihr Ende erreichen wir rasch. Wir gelangen jetzt in den Einzugsbereich des gefährlichen Südens des Östlichen Blockes; die Periode ist bald mit Radon abgeschlossen. Und noch eine Reihe, eine neue Periode, ein weiterer Streifen der Südinsel, bis wir schließlich wieder die Landenge betreten. Doch diesmal können wir der Landenge nicht bis an ihr Ende folgen: Die östlichen Regionen liegen noch im Meer verborgen. Hier endet nun unsere Reise; das Königreich birgt kein Geheimnis mehr, und das empirische Werk der Kartographen hat sich als fehlerfrei erwiesen.

10 Die Verwaltung der Regionen

Unsere ersten Ausflüge in das Königreich machten deutlich, daß bestimmte Eigenschaften der Regionen richtungsabhängige Trends aufweisen, die von Nord nach Süd und von West nach Ost verlaufen. Betrachtet man die Landschaften im Lichte verschiedener Eigenschaften, so senken sie sich zum Beispiel regelmäßig vom Nordwestkap hin zu dem fernen Südosten oder zeigen ein anderes, regelmäßiges Verhalten. Wir begegneten Gebirgszügen und Taleinschnitten, doch sie waren nicht zufällig verteilt. Auch die Familien der Regionen scheinen ein systematisches Muster aufzuweisen: In der weitläufigen Westlichen Wüste liegen die Metalle, die Nichtmetalle dagegen finden wir im Östlichen Block. Die Gebirgsketten hoher Reaktivität ragen sowohl im fernen Westen als auch im fernen Osten gen Himmel: bei den Alkalimetallen und bei den Halogenen. Das Königreich hat seine Ordnung, und seit wir wissen, daß diese auf der Periodizität der Elektronenstrukturen der Elemente beruht, sind wir in der Lage, auch die Unterschiede der regionalen Verwaltungen zu verstehen. Wir können erkennen, wie sich die Eigenschaften der Elemente von Region zu Region regelmäßig ändern.

Zuerst wurde uns klar, daß sich die Atommassen im Königreich beinahe ausnahmslos regelmäßig ändern. (Erinnern Sie sich an Abbildung 3.1.) Dieses Verhalten haben wir bereits als Zunahme der Protonen- und Neutronenzahl des Kernes erklärt; die Ordnungszahl wächst dabei von 1 beim Wasserstoff bis zu 112 an der

Südküste an. Gelegentlich treten Fehler auf, die das Bild einer perfekten Landschaft stören; sie sind darauf zurückzuführen, daß die Atommassen als *mittlere Atommassen* einer Probe bestimmt werden, die statt eines einzelnen Atomtyps eine Mischung unterschiedlich schwerer Isotope enthält.

Als nächstes betrachteten wir die Landschaft unter dem Gesichtspunkt der Atomdurchmesser: Sie senkt sich in einer Periode von West nach Ost und steigt von Nord nach Süd an, wobei sie an der Südküste des Festlandes eigentümlich zaudert. (Erinnern Sie sich an Abbildung 3.2.) Warum die Atomdurchmesser von Nord nach Süd im allgemeinen zunehmen, können wir nun erklären: Dieser Trend beruht auf der Bildung neuer Elektronenschalen der Atome zu Beginn einer Periode. Lithium besitzt zum Beispiel nur ein einzelnes Elektron, das eine fast leere Schale um einen heliumartigen Rumpf bildet. Natrium, das nächst südlichere Element, hat auch nur ein Elektron in einer ähnlichen Schale, das nun jedoch einen neonartigen Rumpf umkreist, der in seinem Innern den heliumartigen Rumpf birgt; dieser Aufbau setzt sich in der Gruppe nach Süden hin fort. Die Elektronenschalen der Atome, die in jeder Periode aufgebaut werden, sind den Schalen einer Zwiebel vergleichbar – somit wachsen die Atome entsprechend an.

Die Abnahme der Atomdurchmesser, die wir von West nach Ost beobachten, ist nicht so leicht zu erklären. Auf den ersten Blick scheint es seltsam zu sein, daß ein Atom kleiner wird, wenn sich die Anzahl der Elektronen erhöht. Wir dürfen dabei jedoch nicht die Rolle des Atomkernes aus dem Auge verlieren. Reisen wir in einer Periode von West nach Ost, nimmt die Kernladung zu. Die wachsende Kernladung zieht die umgebenden Elektronen stärker zu sich heran; der Effekt nimmt von Element zu Element zu, und die Elektronenhülle schrumpft. Die gegenseitige Abstoßung der Elektronen, die ebenfalls mit steigender Elektronenzahl zunimmt, wirkt dieser Schrumpfung entgegen, doch in der Regel (fast überall) überwiegt der Schrumpfungseffekt. Deshalb bewegen wir uns in der Landschaft der Atomdurchmesser abwärts, wenn wir nach

Osten wandern. Hier und da – dem allgemeinen Gang trotzend – finden wir doch eine kleine Erhebung, bevor sich der Boden wieder senkt. Dieses Phänomen können wir am östlichen Ende der Landenge und an ein oder zwei weiteren Orten beobachten. Dort gewinnt den Wettkampf die Elektronenabstoßung und der Atomdurchmesser nimmt leicht zu.

Wir sind hier an einem philosophisch wichtigen Punkt angelangt, der näher erläutert werden sollte. Wir haben erkannt, daß die regelmäßig geneigte Landschaft der Atomdurchmesser mit ihren wenigen Unebenheiten die Folge eines *Wettstreits* sorgfältig ausbalancierter Kräfte ist. Der Effekt der Kernanziehung überwiegt nur ganz wenig; wäre er nur ein bißchen schwächer, würde sich die Landschaft in die entgegengesetzte Richtung neigen. In welchem Lichte wir die Landschaften des Königreiches auch betrachten: Alle werden sie von fein austarierten Kräften bestimmt – eine Beobachtung, die auf die ganze Chemie zutrifft. Dieses exakt abgestimmte Spiel der Kräfte macht die Chemie zu einer so komplexen Wissenschaft, und Vorhersagen sind oft so schwierig, weil nur schwer abzuschätzen ist, ob der eine oder der andere Effekt dominiert. Das Königreich kann man mit einem demokratisch gewählten Parlament vergleichen, in dem zwei Parteien fast die gleiche Stimmenzahl auf sich vereinigen: Einmal gewinnen die Linken, dann die Rechten.

Wir haben immer noch die seltsamen Abflachungen in der südlichen Wüste des Königreiches zu erklären. Diese sind bemerkenswerterweise in der Region zu finden, die den Elementen der Südinsel folgen würde, vertäute man die Südinsel an ihren Ankerplatz am Festland und sorgte so für eine zweite, schmale Landenge. Gerade die Elemente des *f*-Blockes – mit ihren *f*-Elektronen – geben uns nämlich den Hinweis auf die Lösung des Rätsels. Die Erklärung liegt – zumindest zum Großteil – darin, daß die Kernladung auf dieser zweiten Landenge von West nach Ost zunimmt und wir daher annehmen können, daß die Atome kleiner werden. Mehr noch: Da die *f*-Elektronen sehr schmale, langgezogene Orbitale besetzen, können sie die Ladung nicht so effektiv abschirmen – der anziehende Effekt der Kernladung dominiert, und die Durchmesser der Atome nehmen im *f*-Block merklich ab. Erreichen wir wieder die echte Landenge (den *d*-Block), sind die folgenden Atome nun viel kleiner, als man erwarten würde, wenn die zuvor beschriebene Abnahme des Durchmessers nicht stattgefunden hätte. Tatsächlich können wir beobachten, daß ihre Durchmesser denen ihrer nördlichen Nachbarn ähneln, obwohl ihre Ordnungszahlen und mit ihr die Anzahl der Elektronen und ihre Masse beträchtlich zugenommen haben. Schleppen wir die Südinsel nun wieder auf das Meer hinaus, ergibt sich dieser auffallend flache Verlauf der südlichen Wüste.

Nun wird uns auch klar, daß sich die Landschaft der Dichten in der Westlichen Wüste der Metalle durch den Einschub der *f*-Orbitale in das Aufbauschema dieser Atome erklären läßt. Wie wir in Abbildung 3.3 gesehen haben, türmen sich die Dichten an der Südküste, insbesondere bei Iridium und Osmium, zu mächtigen Gebirgen auf. Damit wird deutlich, welchen Einfluß ein so abstraktes Konzept wie das der *f*-Orbitale auf die uns umgebende, reale Welt hat. Wenn Sie sich demnächst einmal abmühen, einen Bleiklotz anzuheben, denken Sie über seine Dichte nach und machen Sie sich klar, wie die dargelegten abstrakten Konzepte das Königreich regieren.

Auf der Ähnlichkeit der Atomdurchmesser der Übergangsmetalle beruht ein weiteres Phänomen unserer realen Welt der Wirtschaft und Technik, dessen Ursprung tief unter dem Königreich verborgen liegt. Die Möglichkeiten zur Legierungsbildung beruhen zum größten Teil auf den fast gleichen Atomdurchmessern der Elemente der Landenge. So leicht es einem – handwerklich begabten – Lebensmittelhändler möglich ist, Äpfel und Orangen zusammen in einer Pyramide aufzutürmen, so schwer wird er sich tun, dasselbe mit Orangen und Melonen zu versuchen. Ebenso fällt es einem Metallurgen leicht, Atome aus demselben Bereich der Landenge, wie Chrom, Mangan, Nickel oder Kobalt, dem Eisen zuzumischen, um die Designerstähle unserer modernen Zeit herzustellen. Wir sollten uns vor Augen führen, daß die d-Elektronen – abstrakte Gebilde, tief unter der Oberfläche des Königreiches verborgen – uns zur Blüte unserer Technologie verholfen haben.

Als nächstes hatten wir untersucht, wie leicht sich Elektronen aus Atomen entfernen lassen, um so die positiv geladenen Teilchen zu bilden, die uns als Kationen bekannt sind. Die Landschaft der Ionisierungsenergien ist zwar abwechlungsreicher gestaltet als die der Atomdurchmesser, doch auch hier kann man einen generellen Trend feststellen: Im Südwesten sind die Ionisierungsenergien niedrig und steigen zum Nordostkap des Heliums hin an. (Erinnern Sie sich an Abbildung 3.4.) Noch stärker verallgemeinert kann man sagen, daß die Ionisierungsenergien in der Westlichen Wüste niedrig sind und hoch in den Regionen der Nichtmetalle im Östlichen Block. Grundsätzlich zeigt im Vergleich zur Landschaft der Atomdurchmesser diese Landschaft das genau entgegengesetzte Gefälle. Genau dieses Verhalten sollten wir auch erwarten, wenn die Kernanziehung der ausschlaggebende Parameter ist. Wenn wir von Südwesten nach Nordosten reisen, werden die Atome kleiner, und ihr äußerstes Elektron rückt näher an den Kern. Der Griff des Kernes nach dem Elektron wird fester, und in der Folge steigt die Ionisierungsenergie. Im Bereich der Westlichen Wüste sind die Ionisierungenergien so niedrig, daß die Atome leicht ein Elektron abgeben können. Dies führt zur Bildung metallischer Festkörper, in denen eine Schar von Kationen wie Orangen in einem Verkaufsständer gestapelt sind und durch ein alles durchdringendes Meer von Elektronen zusammengeklebt werden. Eine derart bereitwillige Abgabe von Elektronen läßt sich im Nordosten des Östlichen Blockes nicht beobachten; hier sind die Atome kleiner und die Elektronen daher fest gebunden. Diese Regionen sind keine Metalle.

Wir können unsere Sicht auf die Landschaft der Ionisierungsenergien auf vielerlei Art erweitern, indem wir uns die Eigenheiten der Elektronenstrukturen vergegenwärtigen, denen wir uns inzwischen bewußt geworden sind. Zuerst einmal wissen wir, daß die zweiten Ionisierungsenergien (die Energien, die nötig sind, um ein zweites Elektron zu entfernen) größer sind als die ersten Ionisierungsenergien, weil das zweite Elektron einem bereits positiv geladenen Ion entrissen werden muß. Betrachten wir allerdings die Unterschiede zwischen erster und zweiter Ionisierungsenergie genauer, dann entdecken wir ein Muster, das die Elektronenstruktur der Elemente widerspiegelt. Wir wollen uns zum Beispiel das Natrium ansehen: Es besitzt neben seinem kompakten, edelgasartigen Rumpf ein weiteres, einzelnes Elektron (seine Struktur ist [Ne]$3s^1$). Das erste Elektron ist recht leicht zu entfernen (man muß dazu nur 5,1 eV aufbringen), doch die Abspaltung des zweiten Elektrons, das dem nahe beim Atomkern liegenden Rumpf entrissen werden muß, beansprucht eine enorme Energie – tatsächlich fast das Zehnfache der ersten Ionisierungsenergie (47,3 eV). Man kann zwar die Elektronen aus dem Rumpf entfernen (in der Sonne sind beispielsweise fast alle Elektronen den Atomen entrissen), aber im großen und ganzen sind die bei chemischen Prozessen auftretenden Energien zu gering, um in diesem Fall mehr als ein Elektron zu entfernen.

Nun lassen Sie uns eine Region weiter nach Osten gehen, zum Magnesium, das zwei Elektronen außerhalb des Rumpfes besitzt ([Ne]$3s^2$). Das erste Elektron kann entsprechend leicht entfernt werden (die erste Ionisierungsenergie liegt bei 7,6 eV). Auch nach dem Verlust dieses Elektrons befindet sich noch ein zweites außerhalb des Rumpfes, das daher weit vom Kern entfernt ist und nur schwach angezogen wird. Daher benötigen wir zwar zur Entfernung dieses zweiten Elektrons eine deutlich höhere Energie als beim ersten, doch sie liegt bei nur 15,0 eV – das ist weit weniger als die Energie, die wir zum Knacken des Rumpfes beim Natrium aufbringen müssen. Diese Energie steht bei normalen chemischen Prozessen zur Verfügung. Die Entfernung eines dritten Elektrons hingegen fordert wiederum, den Rumpf zu knacken, was sich in einem massiven Anstieg der Ionisierungsenergie äußert. Die erforderlichen 80,1 eV können nur durch physikalische Prozesse aufgebracht werden; die recht schwächlichen Energien, die für die Chemie typisch sind, reichen hier bei weitem nicht aus. Wir können also erwarten, daß Magnesium üblicherweise zweifach geladene Kationen bildet, während die des Natriums einfach geladen sind.

Auf ähnliche Weise kann man bei allen Elementen des Westlichen Blockes argumentieren. Wieder haben wir ein charakteristisches Muster des Königreiches offengelegt: Die Elemente der Gruppe 1 bilden einfach geladene, die Elemente der Gruppe 2 dagegen doppelt geladene Kationen. Genau dies haben die Chemiker beobachtet, und fast alle chemischen Verhaltensweisen der Elemente dieses Blockes sind damit zu erklären.

Im Östlichen Block (dem *p*-Block) finden wir nur wenige Metalle, und doch sollten wir erwarten, vergleichbare Argumente anführen zu können. Eine der wirtschaftlich bedeutendsten metallischen Regionen in diesem Block ist das Aluminium. Es gehört der Gruppe 13 an (früher Gruppe III) und weist die Elektronenkonfiguration $[Ne]3s^23p^1$ auf, mit drei Elektronen außerhalb des neonartigen Rumpfes. Wir können nun vorhersagen, daß dieses Element zwar recht leicht drei Elektronen abgeben kann (im Bereich der üblicherweise in der Chemie verfügbaren Energien), aber keines mehr. Diese Vermutung wird durch die ersten drei Ionisierungsenergien bestätig, die 6,0 eV, 18,8 eV und 28,4 eV betragen; dann folgt ein enormer Sprung zu 120 eV, die man zur Entfernung des vierten Elektrons aufbringen muß. Tatsächlich ist den Chemikern bekannt, daß Aluminium in fast allen Reaktionen genau drei Elektronen abgibt – keines mehr und gewöhnlich auch keines weniger. So nebenbei sind wir wieder auf einen der Gründe gestoßen, warum manche Chemiker die alte Benennung der Gruppen bevorzugen: Die 3 bei Gruppe III offenbart, daß Aluminium dreifach geladene Kationen bildet, wogegen in der Bezeichnung „Gruppe 13“ diese Information nur versteckt vorliegt.

Der Unterschied zwischen diesem Teil des Königreiches und dem Westlichen Block liegt darin, daß hier die Elektronen aus zwei unterschiedlichen Arten von Orbitalen entfernt werden. Beim Aluminium stammen zwei der Elektronen aus einem s-Orbital und ein weiteres aus einem p-Orbital. Wir könnten nun vermuten, daß hier ein weiteres Muster verborgen liegt, das durch sorgfältige Untersuchung des Bodens, auf dem wir uns bewegen, ans Tageslicht kommen könnte. Tatsächlich haben die chemischen Prospektoren, die in der Gruppe 13 nach Süden reisten, eine Änderung des Verhaltens bezüglich der Kationenbildung beobachtet. Die Elemente im tiefen Süden verlieren in chemischen Reaktionen in aller Regel nur ihr p-Elektron und bilden so nur einfach geladene Kationen. Im Östlichen Block müssen wir uns der Tatsache bewußt sein, daß einige Regionen ihre gesamten Valenzelektronen abgeben und so dreifach geladene Kationen bilden, während andere nur ihr äußerstes p-Elektron verlieren, was zu nur einfach geladenen Kationen führt. Chemiker nutzen den dualen Charakter dieser Elemente, um alle möglichen Verbindungen dieser Regionen durchzuspielen.

Die Möglichkeit, eine unterschiedliche Anzahl von Elektronen abzugeben, ist keine Eigenart der Elemente der Gruppe 13. Ein Stückchen weiter, in Gruppe 14, finden wir das Blei mit der Elektronenkonfiguration [Xe]$6s^2 6p^2$: Vier Elektronen (ersichtich durch die 4 der Gruppennummer 14; offensichtlicher in der alten Bezeichnung IV) umgeben einen xenonartigen Rumpf. Wir wissen nun genug über die Regeln des Königreiches, um vorhersagen zu können, daß Blei bis zu vier Elektronen recht leicht abgeben wird; sollen mehr Elektronen entfernt werden, muß man den Rumpf aufbrechen. Zudem können wir – durch die Brille eines Chemikers betrachtet – erwarten, daß sich diese Elektronen in zwei Grüppchen abspalten. Wir können damit rechnen, daß in vielen chemischen Reaktionen nur die beiden $6p$-Elektronen verlorengehen, die in der äußersten Schale nur schwach gebunden sind. Bei Reaktionen, die einen stärkeren Hebel ansetzen, können wir erwarten, daß alle vier Valenzelektronen abgespalten werden. Deshalb vermuten wir, daß die chemischen Eigenschaften des Bleis von zweifach und vierfach geladenen Kationen bestimmt werden – und so kann man es im allgemeinen auch beobachten.

Wohlweislich haben wir bisher zu den Verhältnissen auf der Landenge noch keine Stellung bezogen. Hier im *d*-Block, mit Elektronenstrukturen wie $[Ar]4s^2 3d^5$(Mangan), reicht die Energie chemischer Reaktionen aus, um sowohl die beiden *s*-Elektronen als auch eine unterschiedliche Zahl von *d*-Elektronen zu entfernen. Dies hat zur Folge, daß sich eine große Zahl verschieden hoch geladener Kationen bilden kann. Nutznieser dieser lockeren Umstände sind die Prozesse des Lebens, aber auch die übergeordnete technologische Struktur, die das Leben aus den Bodenschätzen des Königreiches errichtet hat. So blickt uns zum Beispiel im Zentrum des Hämoglobinmoleküls das Eisen aus vier blutigen Augen an. Das Eisen kann leicht seine Elektronenstruktur umbauen. Deshalb kann es ein Sauerstoffmolekül aufnehmen und durch unseren Körper zu dem Platz transportieren, an dem es benötigt wird, umd das Sauerstoffmolekül dort mit gleicher Leichtigkeit abzugeben, auf daß es an dieser Stelle größeren Nutzen stifte. Wo in lebenden Zellen Elektronen benötigt werden, um Prozesse voranzutreiben, wird oft das Eisenatom zu Hilfe gerufen, um eines zu spenden. Im Photosyntheseprozeß, dem Urquell aller nutzbaren Energie auf unserem Planeten, stellt das Mangan die Elektronen zur Verfügung, die – von der Sonne in Freiheit gesetzt – letztlich sogar unser Denken und unser Handeln antreiben.

Die chemische Industrie tut sich gründlich an der Landenge gütlich, denn zur Produktion fast aller ihrer Produkte setzt sie Katalysatoren ein. Katalysatoren beschleunigen bestimmte erwünschte Reaktionen – mehr noch: Einige Reaktionen werden durch den Einsatz von Katalysatoren überhaupt erst zugänglich. Bei nahezu allen katalysierten Reaktionen macht man sich das freundliche Angebot der Übergangsmetalle zunutze, ihre Elektronen zur Verfügung zu stellen. So wird zum Beispiel die Vermittlung des Eisens genutzt – die Leichtigkeit, mit der es Elektronen abgibt und auch wieder aufnimmt–, um Stickstoff zu fixieren, in

Dünger umzuwandeln und damit letztlich uns mit Nahrung zu versorgen, so daß wir unsere Proteine aufbauen können. Bakterien entdeckten einen Weg, Molybdän zur Stickstoffixierung einzusetzen – dieser evolutionäre Fortschritt bedurfte der Investition von Zeit, nicht von Kapital. Schwefelsäure, ein bedeutendes Produkt des *p*-Blockes, wird unter Katalyse von Platin und Vanadium produziert, und bei der Herstellung von Salpetersäure verwendet man Rhodium als Katalysator. Die Kohlenwasserstoffe, aus ihren unterirdischen Lagerstätten gefördert, werden zerschnitten, zerhackt, gemischt, verkettet, verdreht, erweitert, zurechtgestutzt und wieder verlängert an den verschiedensten Arten katalytischer Oberflächen und Verbindungen, die allesamt von der Landenge stammen. Alle diese Fundamente unserer Gesellschaft – von der Lebendigkeit der Organismen bis zur Lebensfähigkeit der Industrie – gründen letztlich auf der Existenz dieses abstrakten Konzepts der *d*-Orbitale, das tief in den Maschinenräumen des Königreiches seine Arbeit verrichtet.

Unsere Übersicht über die Bildung von Kationen sollten wir durch einen weiteren Punkt vervollständigen: Er betrifft den Durchmesser der Ionen. Wird ein Kation gebildet, verliert es – wie bereits erwähnt – meist alle Elektronen der äußeren Schale; nur die Rumpfelektronen bleiben zurück. Wir sollten daher erwarten, daß der Durchmesser dieser Kationen deutlich geringer ist als der ihrer Mutteratome – was auch beobachtet wird. Zudem spiegelt sich im Gang der Kationendurchmesser der Durchmesser der Mutteratome wider: Die Landschaft senkt sich, gelegentlich durch Hügelketten und sanfte Täler unterbrochen, vom Südwesten der Westlichen Wüste hin zum Nordosten.

Und was ist mit den Anionen? Hier zeigt die Feinstruktur des Königreiches keine so große Vielfalt; die Anionenbildung ist unter den Bedingungen, die wir bei chemischen Reaktionen vorfinden, auf wenige Regionen beschränkt. Ein Anion ist ein elektrisch negativ geladenes Ion, das durch Hinzufügen eines Elektrons entsteht. Wie wir bereits früher besprochen haben, läßt sich die zur Bildung von Anionen benötigte Energie durch die Elektronenaffinität der Elemente beschreiben. Elemente mit hohen Elektronenaffinitäten setzen große Energiemengen frei, wenn ein Atom ein Elektron einfängt. Zudem haben wir gelernt, daß die Elemente mit den höchsten Elektronenaffinitäten in der Nähe des Fluors zu finden sind, also im Nordosten des Königreiches. Warum ist das so, und welche Gesetzmäßigkeiten regieren diesen Teil des Landes?

Wir sollten uns in Erinnerung rufen, daß Fluor die Elektronenkonfiguration [He]$2s^2 2p^5$ besitzt; es fehlt ihm also nur ein Elektron, um die abgeschlossene Valenzschale des Neons zu erreichen. Bindet also ein Elektron an ein Fluoratom, vervollständigt dieses die äußerste Schale des Atoms. Das Atom bläht sich ein wenig auf – wegen der Elektronen-Elektronen-Abstoßung –, so daß wir ein Fluor-Anion (exakter *Fluorid-Anion*) erwarten, das etwas größer ist als das Mutteratom. Bei diesem Vorgang wird ein Energiebetrag von 3,4 eV frei, weil das eintretende Elektron recht nah an den entsprechend hoch geladenen Kern gelangen kann und somit eine starke Anziehungskraft wirkt. Nun wollen wir uns den Fall vorstellen, daß diesem Anion ein weiteres Elektron zugeführt wird, um ein doppelt geladenes Fluorid-Anion zu erzeugen. Zwei Effekte gefährden den Erfolg dieser Operation: Zum einen muß das zweite Elektron gegen die Abstoßung eines bereits negativ geladenen Teilchen angehen, und gleiche Ladungen stoßen sich bekanntlich ab; zum anderen kann dieses Elektron, nachdem es mühevoll gegen die Abstoßung ankämpft und schließlich das Ion erreicht, kein Orbital der äußeren Schale mehr besetzen, da diese bereits alle belegt sind. Aufgrund des Pauli-Verbots muß es eine neue Schale anfangen und kann daher nicht nahe an den Kern gelangen. Somit wird es, neben der Abstoßung, die es durch die bereits vorhandenen Elektronen erfährt, von dem weit entfernten Kern nur schwach angezogen. Der hierbei erzielte Energiegewinn steht in keinem Verhältnis zur investierten Energie und ist daher unattraktiv. Das doppelt geladene Anion wird nicht gebildet. Ähnliche Argumente kann man bei den anderen Halogenen vorbringen. Sie können ein Elektron aufnehmen – aber keines mehr. All die *Halogenid-Ionen* – Fluorid-, Chlorid-, Bromid- und Iodid-Ionen – sind nur einfach negativ geladen.

Bewegt man sich entlang der Nordküste ein Stück gen Westen, trifft man auf den Sauerstoff mit der Elektronenstruktur [He]$2s^2 2p^4$. In der äußersten Schale dieses Atoms klaffen zwei Lücken, was vielleicht schon die Fähigkeiten des Sauerstoffes vermuten läßt. Das erste Elektron nimmt es bereitwillig auf (wobei 1,5 eV an Energie frei werden), und das Elektron wird stark von dem nahen, zentralen Kern angezogen. Das zweite Elektron muß gegen die negative Ladung des Ions anarbeiten, was nur unter Einsatz von Energie möglich ist – derselben Energiemenge, die man bei dem zweiten Elektron des Fluorid-Ions aufbringen muß. Hier lohnt sich jedoch der Aufwand. Das zweite Elektron findet in der noch nicht voll besetzten Valenzschale des einfach geladenen Anions ein Zuhause und erfreut sich dort einer glücklichen Wechselwirkung mit dem nicht weit entfernten Kern. Zwar ist insgesamt Energie nötig, um das einfach geladene in das zweifach geladene Anion (das Oxid-Anion) umzuwandeln; der Energieaufwand ist jedoch so gering (8,8 eV), daß er von der Energie kompensiert werden kann, die bei anderen Schritten einer chemischen Reaktion frei wird. Dem Oxid-Ion ein drittes Elektron aufzuzwingen ist hoffnungslos, da man gegen bereits zwei negative Ladungen des Ions ankämpfen muß. Zudem wird das Elektron, sollte es diese Abstoßung überwunden haben, nur einen Platz außerhalb des vollbesetzten Rumpfes einnehmen können und somit nicht in der Lage sein, ausreichend mit dem Kern in Wechselwirkung zu treten. Man kann daher vom Sauerstoff und den restlichen Elementen dieser Gruppe die Bildung doppelt geladener Anionen erwarten – was wiederum von den Chemikern bestätigt wird.

Nun wollen wir uns der zum Großteil unfruchtbaren Ostküste zuwenden, der Heimat der Edelgase. All ihre Orbitale sind vollständig besetzt, und ein neu eintretendes Elektron kann nur verbleiben, wenn es in einem Orbital einer neuen Schale Platz nimmt.

Hier taumelt es weit entfernt von dem zentralen Kern um das Atom herum. Diese Position verschafft dem Elektron keinerlei energetischen Vorteil, was sich in den negativen Elektronenaffinitäten der Edelgase äußert. Will man zum Beispiel dem Neon ein zusätzliches Elektron aufzwingen, benötigt man eine Energie von 1,2 eV; beim Argon sind es 1,0 eV. So reserviert sie jedem Neuankömmling begegnen, so eifrig sind sie darauf bedacht, die zu ihnen gehörenden Elektronen zu behalten. Die Edelgase liegen in einem fast totenstillen Gebiet des Königreiches.

Ein letztes Wort sollte man noch über die Größe der Anionen verlieren. Wie wir im Fall des Fluors und des Fluorid-Ions gesehen haben, ist das Anion größer als das Mutteratom, da das zusätzliche Elektron das Atom gegen die Kernanziehung aufbläht. Dieser generelle Trend, sich aufzuplustern, addiert sich in dem nordöstlichen Dreieck, in dem Anionen von Bedeutung sind, zur Variation der Durchmesser der Mutteratome. Betrachtet man in diesem Dreieck die Landschaft der Anionendurchmesser, so steigt diese von Nord nach Süd an und fällt von West nach Ost ab; sie liegt dabei überall auf einem etwas höheren Niveau als die Landschaft der Atome selbst.

11 Beziehungen und Bündnisse

Ein Großteil – wenn nicht sogar die Gesamtheit – der Pracht in unserer realen Welt geht auf Verbindungen zurück, die sich aus den Regionen des Königreiches aufbauen. Die ungefähr hundert Elemente können Millionen Bündnisse eingehen – vergleichbar der unendlichen Vielfalt der Literatur, die den Buchstaben des Alphabets entspringt. Es wäre zuviel verlangt, das weite Feld der bekannten und möglichen chemischen Verbindungen zu beleuchten; wir wollen nur einige Eigenarten betrachten, die sich aus der Periodizität des Königreiches ableiten lassen. Chemiker klassifizieren die von ihnen geschaffenen Verbindungen nach den Regionen, aus denen sie stammen; wir wollen es genauso halten. Wir werden hier die Grundtypen möglicher Verbindungen untersuchen und die charakteristischen Züge der verbündeten Parteien sowie der entstehenden Verbindungen bestimmten Bereichen im Königreich zuordnen.

Verbindungen sind nicht bloß simple Mischungen sondern innige Ehebündnisse zwischen den Atomen der Regionen. In bestimmten Fällen sind diese Ehen höchst beständig und überdauern Äonen. Dies ist zum Beipiel bei den Verbindungen des Erdinneren und der felsigen Landschaften der Fall. Andere sind weniger stabil und zerfallen im Verlauf eines Jahres. Hierzu zählen die meisten organischen Verbindungen, die sich auf dem Kohlenstoff aufbauen: Sie bestehen für einen Tag, ein Jahr oder vielleicht auch biblische 70 Jahre, um dann in einfachere Ansammlungen von Atomen zu zerfallen. Andere Verbindungen existieren nur so kurzzeitig, daß es eines gut geschulten Auges bedarf, sie wahrzunehmen und zu beschreiben.

Verbindungen werden durch *chemische Bindungen*, die sich zwischen den Atomen ausbilden, zusammengehalten. Man weiß, daß diese Bindungen auf die Verteilung der Elektronen in der äußersten Schale eines Atoms – der sogenannten Valenzschale – zurückzuführen sind. „Valenz" ist ein Begriff, der auf die Fähigkeit der Atome zur Bindungsbildung hinweist; er geht auf das lateinische Wort für „Stärke" zurück. »Valete!« („Sei stark!"), riefen sich die Römer beim Abschied zu. Wir wissen nun, daß die Elektronenstruktur der Atome eine Periodizität widerspiegelt, die dem Aufbau des Königreiches zugrundeliegt. Daher erwarten wir, daß sich diese Periodizität auch bei der Fähigkeit zur Bindungsbildung wiederfindet. Wir wollen hier unsere Betrachtungen auf die Diskussion dieser grundlegenden Periodizität in Zahl und Art der Bindungen beschränken.

Man unterscheidet zwei Arten chemischer Bindungen – *ionische* und *kovalente Bindungen*. Eine ionische Bindung kommt, wie der Name schon andeutet, durch die Wechselwirkung zwischen Ionen zustande. Die treibende Kraft ist die Anziehung der gegensätzlichen Ladungen der Kationen und Anionen. Eine kovalente Bindung wird dagegen zwischen bestimmten Atomen ausgebildet, indem diese Elektronenpaare teilen. Wir werden diese beiden Bindungsarten genauer untersuchen und dann betrachten, wie die Plazierung eines Elements im Königreich die Art der Bindung bestimmt. Überall im Königreich wird uns ein Wegweiser behilflich sein, der hin zu niedrigerer Energie zeigt: Bindungen zwischen Elementen bilden sich dann, wenn bei diesem Vorgang Energie frei wird. Wir müssen verstehen, warum der Wegweiser abwärts, hin zu niedrigerer Energie gerichtet ist; warum die entstehende Verbindung also immer niedrigere Energie besitzt als die einzelnen Atome.

Um die Gründe nachvollziehen zu können, die zur Bildung von ionischen Bindungen führen, wollen wir uns ein Gasgemisch aus

Natriumatomen (die Elektronenkonfiguration ist [Ne]$3s^1$ und Chloratomen ([Ne]$3s^2 3p^5$), die vom anderen Ende des Königreiches stammen, vorstellen. Dieses Durcheinander von Atomen ist jedoch nicht mehr als eine gewöhnliche Mischung; Verbindungen wurden bisher noch nicht gebildet. Nun müssen wir den Wegweiser ausfindig machen, der abwärts, hin zu niedrigerer Energie weist. Ein Wegweiser fällt sofort ins Auge – er zeigt jedoch bergaufwärts: Entfernt man je ein Elektron aus den Natriumatomen, benötigt man jeweils 5,1 eV. Dennoch könnte sich diese Investition auszahlen, also tätigen wir dieses Geschäft. Wir wissen bereits, daß je 3,6 eV an Energie freigesetzt werden, wenn sich ein Elektron an ein Chloratom addiert und sich ein Chlorid-Ion bildet. Durch die Übertragung eines Elektrons von einem Atom auf das andere haben wir zwei edelgasartige Elektronenkonfigurationen erhalten, ein Natrium-Kation und ein Chlorid-Anion. Doch der Energiewegweiser zeigt immer noch bergauf: 5,1 eV minus 3,6 eV ergibt 1,5 eV. Es scheint keinen Grund zu geben, der für die Bildung eines solchen Gases aus Ionen spricht.

Bisher haben wir einen dritten, alles dominierenden Beitrag zum Energiehaushalt mißachtet: die Anziehung, die gegensätzliche elektrische Ladungen aufeinander ausüben. Nähern sich die Ionen einander an, kann diese Anziehung so stark werden, daß der daraus resultierende Energiegewinn die zuvor getätigte Investition kompensiert. Übersteigt die Wechselwirkungsenergie sogar den Wert von 1,5 eV, springt der Wegweiser wie eine Signalflagge um und weist bergab. Den niedrigsten Energieinhalt besitzt eine Struktur, bei der sich Kationen und Anionen möglichst nahe sind: Ein Kation ist nur von Anionen umgeben und ein Anion nur von Kationen. Betrachtet man die sich bildende Struktur näher – man spricht hier von einem *ionischen Festkörper* –, so stellt man fest, daß jedes Kation sechs Anionen und jedes Anion sechs Kationen als nächste Nachbarn aufweist (Abbildung 11.1). Tatsächlich ist dies die Struktur unseres bekannten Kochsalzes – des Natriumchlorids, das aus den Bergwerken und dem Meer gewonnen wird.

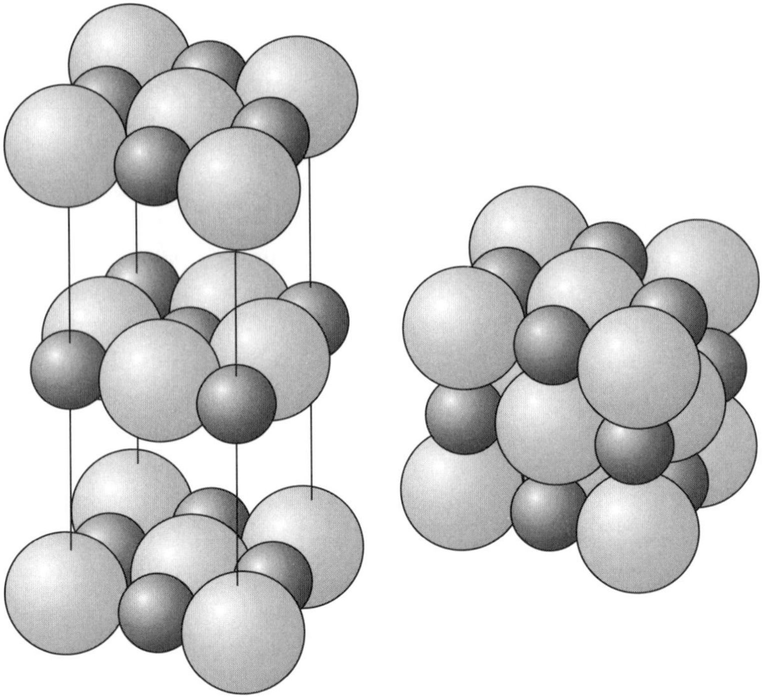

11.1 Die Struktur des gewöhnlichen Kochsalzes (Natriumchlorid): Links ist eine Explosionszeichnung, rechts die tatsächliche Struktur dargestellt. Dieses Muster setzt sich quasi unendlich fort und wird nur durch die Ausdehnung des Kristalls begrenzt. Beachten Sie, daß jedes Natrium-Kation (kleine Kugeln) von sechs Chlorid-Ionen (große Kugeln) umgeben ist und umgekehrt.

Anhand dieser Schilderung wollen wir nun die Arten der Verbindungen untersuchen, die von den Elementen gebildet werden, und dabei weitere Muster der Natur sichtbar machen, die das Königreich aufzuweisen hat. Diese Regelmäßigkeiten der Verbindungsbildung waren mithin die entscheidenden Hinweise, die Dmitrij Mendelejew bei seiner Kartierung nutzte. Als erstes ist zu beachten, daß Natrium nur ein Elektron leicht abgibt, und daß im Gegenzug Chlor nur eines aufnehmen kann. Kombiniert man diese beiden weit voneinander entfernten Elemente, so ist die sinnvollste Verbindung die eines Natriumatoms mit einem Chloratom – eben exakt das Verhältnis, das wir beim Salz vorfinden. Tatsächlich können wir mit Hilfe unseres Wissens über die elektronische Geographie des Königreiches vorhersagen, daß in *jeder* Verbindung aus einem Alkalimetall der Gruppe 1 und einem Halogen der Gruppe 17 die Atome in gleicher Anzahl vertreten sein werden. Dies wird auch beobachtet, und alle Alkalimetallhalogenide (wie Lithiumfluorid, Natriumbromid, Kaliumiodid und alle dreißig Zweierkombinationen, die mit diesen beiden Gruppen möglich sind) zeigen die 1:1-Verteilung. Die Gesetze des Königreiches, die ihm zugrundeliegenden Elektronenstrukturen, bestimmen also auch die Bildung von Verbindungen.

Wandern wir eine Gruppe weiter nach Osten – zum Calcium und den Erdalkalimetallen der Westlichen Wüste. Diese Elemente können sich leicht zweier Elektronen entledigen, bevor sie bis auf den unangreifbaren Rumpf entblößt sind. Die Halogene können jedoch nach wie vor nur ein Elektron pro Atom aufnehmen. Wir vermuten daher, daß sich bei der Verbindungsbildung pro Erdalkaliatom je zwei Halogenatome beteiligen. Dies entspricht genau der Zusammensetzung, die wir in diesen Salzen finden.

Diese Argumentation gilt auch umgekehrt: Lassen Sie uns zu den Alkalimetallen der Gruppe 1 zurückkehren, jetzt aber die Verbindungen betrachten, die diese mit Elementen der Gruppe 16 – Sauerstoff und seinen südlichen Vettern – eingehen können. Elemente der Gruppe 1 können jeweils ein Elektron abgeben, Elemente der Gruppe 16 jeweils zwei aufnehmen. Wir erwarten daher in diesem Fall Verbindungen, die pro Sauerstoff- oder Schwefelatom je zwei Alkalimetallatome enthalten – was auch beobachtet wird.

Um die Diskussion abzurunden, werden wir nun Verbindungen der Gruppe 2 mit der Gruppe 16 betrachten. Die Erdalkalimetalle können zwei Elektronen abgeben, die sauerstoffartigen Atome je zwei aufnehmen. Daher erwarten wir in diesem Fall eine Gruppe von Verbindungen, die aus je einem Atom der Gruppe 2 und je einem Atom der Gruppe 16 aufgebaut sind. Auch diese Vorhersage entspricht exakt der Beobachtung und erklärt die Zusammensetzung von Substanzen wie Kalk (Calciumoxid, ein Calcium- und ein Oxid-Ion).

Diese Art der Argumentation wird von Chemikern immer dann herangezogen, wenn sie die Zusammensetzung ionischer Festkörper erklären oder vorhersagen wollen. Der alles entscheidende Wegweiser zum Punkt niedrigster Energie ist nur dann abwärts gerichtet, wenn der Energieaufwand zur Bildung der Kationen nicht zu groß wird: Eine überhöhte Investition an Energie bei der Kationenbildung kann niemals durch die Wechselwirkung zwischen entgegengesetzten Ladungen ausgeglichen werden, und der Wegweiser wird niemals abwärts zeigen. Dies wiederum begrenzt die Möglichkeiten zur Bildung ionischer Bindungen auf Kombinationen von Elementen, an denen ein Metall beteiligt ist, da nur die metallischen Elemente ausreichend niedrige Ionisierungsenergien aufweisen. Wenn wir also das Königreich aus der Vogelperspektive betrachten und die Westliche Wüste unter uns glitzern sehen, wissen wir, daß all diesen Regionen die Möglichkeit gegeben ist, ionische Festkörper zu bilden und daß die Zusammensetzung dieser Salze durch den Platz des jeweiligen Metalls im Königreich bestimmt wird.

Ionischen Festkörpern ist im allgemeinen eine Vielzahl von Charakterzügen zueigen, die es uns recht leicht macht, sie in der Wirklichkeit zu identifizieren. Weil die Ionen stabile, dicht gepackte Aggregate bilden, haben wir es mit harten, spröden Festkörpern zu tun. Um sie in Flüssigkeiten zu verwandeln, muß man sie auf Temperaturen erhitzen, die hoch genug sind, um die Atome loszuschütteln (Hitze versetzt die Teilchen in Schwingung) – ionische Festkörper besitzen daher im allgemeinen hohe Schmelzpunkte. Eine weitere wichtige Eigenschaft kann man beobachten, wenn man sie in Wasser löst (wenn sich auch keineswegs alle lösen): Die

Ionen driften auseinander und leiten den elektrischen Strom. Ionische Festkörper sind daher potentielle *Elektrolyte* – Substanzen, die in gelöstem oder geschmolzenem Zustand zu elektrischen Leitern werden.

Nun wollen wir die Bildung kovalenter Bindungen besprechen. Bildet sich eine Verbindung, die kein metallisches Element enthält, kann dies keine ionische Bindung sein, da zur Abspaltung der Elektronen aus einem Nichtmetall zu viel Energie aufgewendet werden muß. Unser Energiewegweiser zeigt bergauf, auch wenn wir den Energiegewinn durch die Anziehung der theoretisch erzeugten Ionen berücksichtigen. Für die Atome ist es in diesem Fall die günstigste Lösung, ihre Elektronen zu behalten, aber gemeinsam zu nutzen. Teilen sich zwei benachbarte Atome je zwei Elektronen, nennt man dies eine kovalente Bindung.

Als erstes müssen wir nun wissen, warum gerade zwei Elektronen für eine solche Bindung erforderlich sind und nicht eines oder drei oder irgendeine andere Zahl. Die Spur führt uns zurück zu dem Pauli-Verbot, das ja bekanntlich die maximale Anzahl von Elektronen in einem Atomorbital auf zwei begrenzt. Nähern sich zwei Atome einander an, kann die Elektronenverteilung ihrer Valenzschale nicht länger einem der Atome allein zugeordnet werden. Stattdessen verteilen sich die Elektronen netzwerkgleich um die beiden Atome. Ähnlich den Elektronenverteilungen in einzelnen Atomen – den Atomorbitalen – werden die Verteilungen der Elektronen in Molekülen, die sich über beide beteiligten Atome erstrekken, *Molekülorbitale* genannt. Auch wenn diese Elektronenverteilungen einen größeren Raum einnehmen und kompliziertere Formen zeigen, handelt es sich immer noch um Orbitale; also gilt nach wie vor das Pauli-Verbot: Nur zwei Elektronen finden in diesen Orbitalen Platz. Dies ist der Grund, warum kovalente Bindungen immer aus einem gemeinsamen Elektronenpaar bestehen.

Darüber hinaus steht zwei Atomen auch die Möglichkeit offen, mehr als zwei Elektronen miteinander zu teilen, wenn sie mit mehr als nur einem Molekülorbital miteinander verbunden sind. Jedes gemeinsam genutzte Elektronenpaar zählt als eine kovalente Bindung. Daher können Atome Einfachbindungen (ein gemeinsames Elektronenpaar), Doppelbindungen (zwei gemeinsame Elektronenpaare), Dreifachbindungen (drei gemeinsame Elektronenpaare) und – ganz, ganz selten – auch Vierfachbindungen ausbilden. Wie auch die ionische Bindung bilden sich kovalente Bindungen nur, wenn insgesamt die Energie erniedrigt wird. Bei kovalenten Bindungen müssen wir uns jedoch über den großen Aufwand, der mit der Bildung von Ionen in der Regel verbunden ist, keine Sorgen machen – zur gemeinsamen Nutzung von Elektronen sind nur viel weniger aufwendige Umverteilungen in der Elektronenhülle notwendig. Kovalente Bindungen werden üblicherweise von den Elementen gebildet, die wir im oberen Dreieck des Östlichen Blockes finden.

Bilden sich zwischen zwei Atomen kovalente Bindungen aus, nennt man das so entstandene Teilchen ein *Molekül.* Hierin liegt der große Unterschied zwischen Substanzen, die auf kovalenten Bindungen beruhen, und den ionischen Festkörpern. Molekülverbindungen sind üblicherweise (aber nicht immer, wie wir noch sehen werden) aus diskreten Atomgruppen aufgebaut, statt ausgedehnte Ionengitter zu bilden. Da zudem das Teilen von Elektronen komplizierteren Regeln gehorcht als der schlichte Verlust eines Elektrons, beeinflußt der teilweise Verlust von Elektronen durch Bindungsbildung in einer bestimmten Richtung die Fähigkeit zur weiteren Bindungsbildung in einer anderen Richtung. Aus diesen Gründen zeigt die Anordnung der Atome in einem Molekül eine festgelegte, charakteristische Geometrie. Daher bestehen die kovalenten Verbindungen des Königreiches aus einzelnen, häufig kleinen Gruppierungen von Atomen – Atomgruppen, die typische Formen aufweisen.

Während ionische Verbindungen theoretisch unendlich ausgedehnt und bei normalen Temperaturen ausnahmslos Festkörper sind, können Moleküle so klein sein, daß sie als Gase oder Flüssigkeiten vorliegen. Bilden sie dennoch Festkörper, sind die Anziehungskräfte zwischen den Molekülen in der Regel viel geringer als die zwischen den Ionen eines Salzes. Die meisten Molekülverbindungen bilden daher weichere Festkörper als ionische Verbindungen, und die Moleküle können viel leichter, bei nur geringer Hitzeeinwirkung, aus dem Verband herausgeschüttelt werden. Üblicherweise sind daher molekulare Festkörper durch niedrige Schmelz- und Siedepunkte charakterisiert.

Verallgemeinert könnte man sagen, die Molekülverbindungen repräsentieren die weiche Seite der Natur und die ionischen Verbindungen die harte. Diese Unterscheidung wird klar, wenn wir die weiche Seite der Natur – die Flüsse, die Luft, die Gräser, die Wälder, die alle aus Molekülen aufgebaut sind – mit dem harten Untergrund unserer Landschaften, der größtenteils ionischer Struktur ist, vergleichen. Hier können wir erkennen, welch große Bedeutung das obere Dreieck des Östlichen Blockes für die Existenz des Lebens hat. Wir sehen aber auch, wie wichtig das restliche Königreich für die Bildung des notwendigen stabilen Untergrundes ist.

Kovalente Bindungen führen jedoch nicht ausnahmslos zu „weichen" Substanzen. In bestimmten Fällen bilden Atome kovalente Bindungen zu mehreren Nachbarn aus, die sich wiederum kovalent an weitere Nachbarn binden, so daß ein theoretisch unendliches, kovalentes Netzwerk entsteht. Ein Beispiel hierfür ist der Diamant, eine der Formen des Kohlenstoffes. Die unglaubliche Härte dieser Kohlenstoffmodifikation wiegt gewissermaßen den „weichen Charakter" auf, den der Kohlenstoff an so vielen Stellen in unserer Welt zeigt. Die Härte läßt sich auf das starre Netzwerk von Bindungen zurückführen, das sich durch den gesamten Festkörper erstreckt und Atom mit Atom verknüpft, wie das Stahlgerüst eines Hochhauses.

Bevor wir die Betrachtung der Bindungsbildungen abschließen, sollten wir noch einige spezielle Themen aufgreifen. Eines betrifft die umfassende Fähigkeit des Kohlenstoffes zur Ausbildung von Molekülbindungen – eine Fähigkeit, die sich in einer solchen Vielfalt der Formen und Bindungspartner ausdrückt, daß die entstehenden Verbindungen lebendig und letztlich sich selbst bewußt werden. Der entscheidende Grund für diese Möglichkeiten, die eine einzelne Region in sich birgt, ist – wie bereits erwähnt – die Mittelmäßigkeit des Kohlenstoffes, sein mangelndes Durchsetzungsvermögen. Sein Platz inmitten der Nordküste läßt ihn weder ein aufdringlicher Elektronenspender wie die Elemente zu seiner Linken noch ein gieriger Elektronenfänger wie die zu seiner Rechten sein. Der Kohlenstoff stellt an seine Bindungspartner keine hohen Anforderungen. Er gibt sich auch mit seinesgleichen zufrieden und geht mit sich selbst unzählige Bindungen ein, formt Ketten, Ringe und verzweigte Strukturen aus Atomen. Würde er bereitwilliger seine Elektronen spenden und den Wünschen anderer Atome nachkommen, müßte er mit Bedauern feststellen, daß es ihm nun an Elektronen mangelt, um andere Atome an vorgegebener Stelle kovalent zu binden. Wäre er begierig nach zusätzlichen Elektronen, würde er seine Bindungsstellen rasch absättigen und müßte auf die Möglichkeiten verzichten, die sich aus dem fein abgestimmten Zusammenspiel mit anderen Atomen ergeben. Indem er den Mittelweg beschreitet – nicht zu fordernd und nicht zu großzügig –, kann der Kohlenstoff statt nur kurzlebiger Verschwörungen beständige Bündnisse aufbauen.

Ein letzter Punkt betrifft den unfruchtbaren östlichen Küstenstreifen des Königreiches – die Edelgase am Meeressaum der Nichtreaktivität. Für die Welt der Verbindungen, auch der kovalenten, scheinen sie größtenteils tot zu sein. Die Gründe liegen in ihrer Elektronenstruktur verborgen. Ihre Ionisierungsenergien sind groß, weil ihre Elektronen einen kompakten Klumpen um den hochgeladenen Kern bilden. Sie widersetzen sich selbst der teilweisen Abgabe von Elektronen, da sie ebenfalls einen beträchtlichen Energieeinsatz erfordert. Auch ziehen diese Atome mit ihrer abgeschlossenen Schale keine Elektronen an, da sich jedes eintretende Elektron mit der Tatsache abfinden muß, ein Orbital in einer neuen Schale zu besetzen – unattraktiv weit entfernt vom Kern. Hier weist der Wegweiser praktisch immer bergauf, hin zu höherer Energie, und Bündnisse gehen diese Regionen fast nie ein – eine Ausnahme bilden nur solch politisch radikale Regionen wie die des Fluors. Daß das Königreich im Osten so abrupt zur Küste hin abfällt, ist ein Zeichen von Übersättigung. Warum soll man sich um mehr Elektronen bemühen? Warum soll man welche abgeben?

Epilog

Wir sind weit im Königreich herumgereist, haben es in verschiedenem Licht hoch aus der Luft betrachtet, sind auf Schusters Rappen unterwegs gewesen und haben den Aufbau der Landschaften studiert. Wir haben uns in die Erde gegraben und seine im Innern wirkenden Gesetze kennengelernt. Nun, am Ende unserer Reise, wollen wir unsere Vorstellungen über dieses Reich und seine Bedeutung noch einmal zusammenfassen.

Unsere Welt erscheint uns als heilloses Durcheinander, ungeheuer komplex und doch von unbeschreiblichem Zauber erfüllt. Selbst die unbelebte, anorganische Welt der Felsen und Steine, Flüsse und Meere, von Luft und Wind gleicht einem grenzenlosen Wunder. Nimmt man noch das Leben hinzu, vervielfacht sich das Wunderbare bis fast jenseits der Grenzen unserer Vorstellungskraft. All dieser Zauber entspringt ungefähr hundert Komponenten, die aneinandergereiht, durchmischt, verdichtet und untereinander verbunden sind – so wie bestimmte Buchstaben unsere gesamte Literatur hervorbringen. Die uns umgebende Welt auf ihre Komponenten, die chemischen Elemente, zu reduzieren, zählt zu den großen Leistungen der frühen Chemiker – insbesondere, da sie nur über unausgereifte Methoden verfügten. Dieses Manko machten sie durch ihre geistige Größe wett, und ihre geistigen Leistungen sind denen der modernen Forscher durchaus ebenbürtig. Die Reduktion auf die Elemente zerstört keinesfalls den Zauber unserer Welt, sondern läßt uns die Wunder verstehen, und dieses Verständnis wiederum verstärkt unser Staunen.

Eine noch größere Entdeckung folgte. Obwohl diese Elemente Materie sind, und nur wenige vermuteten, daß es unter ihnen Gemeinsamkeiten gäbe, sahen einige Chemiker durch die Oberfläche der Erscheinungen und entdeckten ein Reich voller Beziehungen, regiert von Familienbanden, bestimmt durch Bündnisse und Neigungen. Durch ihre Experimente und Forschungen erhob sich ein Kontinent aus dem Meer – die Elemente formten eine Landschaft. Man erkannte, daß diese Landschaft – je nachdem, in welchem Licht man sie betrachtete – wohlstrukturiert war und nicht nur eine zufällige Ansammlung von Schluchten und Gipfeln darstellte. Insbesondere wurde man auf die Periodizität bestimmter Eigenschaften aufmerksam. Dies war die erstaunlichste aller Entdeckungen, denn aus welchem Grund sollte die Materie irgendeine Art von Periodizität aufweisen?

Wie so oft in der Wissenschaft ermöglichen einfache Konzepte, die dicht unter der Oberfläche der Wirklichkeit verborgen liegen, ein tieferes Verständnis der Zusammenhänge. Sobald die Existenz von Atomen bekannt und ihre Strukturen durch die Quantenmechanik – dieser großartigen Errungenschaft des Geistes – erhellt waren, erkannte man den Aufbau des Königreiches. Einfache Prinzipien – insbesondere das rätselhafte Pauli-Verbot – führten zu der Erkenntnis, daß sich in der Periodizität des Königreiches die Periodizität der Elektronenstrukturen der Atome widerspiegelt.

Die Struktur, der Aufbau und mögliche Erweiterungen des Königreiches lassen sich heute vollständig erklären. Es existieren noch tiefere Zusammenhänge, als wir sie hier erörtert haben, aber auch diese sind uns bekannt. Doch trotz unseres Wissens bleibt das Königreich ein geheimnisvoller Ort. Die Eigenschaften der Regionen können wir verstehen, und in bestimmten Grenzen können wir die chemischen und physikalischen Eigenschaften eines Elements und seiner Verbindungen vorhersagen. Das Königreich – das Periodensystem der Elemente – ist die wichtigste und umfassendste

Grundlage der Chemie: Überall in der Welt hängt es an den Wänden. Das Periodensystem zu verstehen und zu nutzen ist auch heute noch der beste Weg, ein Meister seines Faches zu werden und neue Forschungsansätze zu ersinnen. Doch es ist ein Land widerstreitender Kräfte, wie wir feststellen mußten. Die Eigenschaften einer bestimmten Region sind das Ergebnis eines Wettstreits, von Einflüssen, die in entgegengesetzte Richtungen wirken, manchmal sogar von mehreren verschiedenen Einflüssen. In der Regel sind diese Kräfte fein austariert, und es ist – sogar für erfahrene Chemiker – schwierig, mit absoluter Sicherheit auszuschließen, daß ein Element nicht doch noch eine besondere Laune birgt, die sich der Vorhersage entzieht und vielleicht sogar die Forschung in neue und aufregende Bahnen zu leiten vermag.

Ebenso, wie in den Buchstaben des Alphabets endlose Möglichkeiten für Überraschungen und Entzückungen verborgen liegen, verhält es sich mit den Elementen des Königreiches. Im Gegensatz zu einem Alphabet, das keine innere Struktur aufweist, ist das Königreich ausreichend geordnet, um eine intellektuell befriedigende Ansammlung von Wesenheiten zu sein. Und weil diese Wesenheiten fein ausgewogene, lebendige Persönlichkeiten darstellen, mit launischen Charakterzügen und nicht immer offensichtlichen Neigungen, wird das Königreich immerzu ein Land unendlicher Bezauberung bleiben.

Weiterführende Literatur

Atkins, P. W. *Quanten. Begriffe und Konzepte für Chemiker.* Weinheim (VCH) 1993. In diesem Buch werden die Konzepte der Quantenmechanik, denen wir im vorliegenden Buch begegnet sind, kurz und anschaulich dargestellt.

Atkins, P. W.; Beran, J. A. *Chemie – einfach alles.* Weinheim (VCH) 1996. Die im vorliegenden Buch beschriebenen Konzepte (unter anderem der modernen Atomtheorie und der Periodizität chemischer Eigenschaften) werden in diesem Lehrbuch von Grund auf erklärt.

Bourne, J. *An Application-Oriented Periodic Table of the Elements.* In: *Journal of Chemical Education* 66 (1989) S. 741–45. Hier werden verschiedene Versionen des Periodensystems dargestellt.

Cox, P. A. *The Elements: Their Origin, Abundance, and Distribution.* Oxford (Oxford University Press) 1989. Eine Einführung in die Prozesse, die zur Entstehung der Elemente führen und zu ihrer Verteilung im Kosmos und auf der Erde beitragen.

Emsley, J. *Die Elemente.* 2. Aufl. Berlin (De Gruyter) 1994. Eine Datensammlung zu den Elementen in handlichem Format.

Greenwood, N. N.; Earnshaw, A. *Chemie der Elemente.* Weinheim (VCH) 1988.* Ausführliches und modern konzipiertes Lehrbuch zu den Elementen und ihren Verbindungen.

Holleman, A. F.; Wiberg, E.; Wiberg, N. *Lehrbuch der Anorganischen Chemie.* 101. Aufl. Berlin (de Gruyter) 1995.* Dieses Lehrbuch bietet unter anderem Informationen zur Entdeckungsgeschichte und Namensgebung der Elemente.

Mason, J. *Periodic Contractions Among the Elements: Or, on Being the Right Size.* In: *Journal of Chemical Education* 65 (1988) S. 17–20. Eine Übersicht über die Durchmesser von Atomen und Ionen, ihr periodisches Verhalten und dessen Folgen.

Mazurs, E. G. *Graphical Representations of the Periodic System During One Hundred Years.* Alabama (University of Alabama Press) 1974.

Puddephatt, R. J.; Monaghan, P. K. *The Periodic Table of the Elements.* 2. Aufl. Oxford (Oxford University Press) 1986. Eine einführende Übersicht über Trends im Periodensystem.

Ringnes, V. *Origin of the Names of Chemical Elements.* In: *Journal of Chemical Education* 66 (1989) S. 731–38. Eine gut recherchierte und interessante Abhandlung über die Herkunft der Elementnamen.

Rouvray, D. H. *Turning the Tables on Mendeleev.* In: *Chemistry in Britain* (Mai 1994) S. 373–78. Ein kurzer Überblick über die Geschichte des Periodensystems.

Trueb, L. F. *Die chemischen Elemente. Ein Streifzug durch das Periodensystem.* Stuttgart (Hirzel) 1996.*

van Spronsen, J. W. *The Periodic System of Chemical Elements: A History of the First Hundred Years.* Amsterdam (Elsevier) 1969.

Weast, R. C. (Herausg.) *CRC Handbook of Chemistry and Physics.* 76. Aufl. Boca Raton (CRC Press) 1995. Dieses Nachschlagewerk liefert knappe Informationen zur Entdeckungsgeschichte der Elemente.

---

* Die so gekennzeichneten Titel wurden für die deutsche Ausgabe zusätzlich aufgenommen.

Weinberg, S. *Die ersten drei Minuten.* München (Piper) 1992. Eine klassische populärwissenschaftliche Abhandlung über die Entstehung der Materie.

Woods, G. *The Deeper Picture.* In: *Chemistry in Britain* (Mai 1994) S. 382–83. Eine kurze Darstellung der verschiedenen Vorschläge zu alternativen Anordnungen des Periodensystems.

Ausführliche Informationen zu allen Aspekten des Periodensystems bietet die Datenbank *WebElements* von Mark Winter, die auf dem Server der University of Sheffield zu finden ist. Internet-Adresse: http://www.shef.ac.uk/~chem/web-elements/

Index

C

D

I

J

K

O

P

W

X

Y

Z